诗词情商

宦洪云 著

江苏凤凰文艺出版社

图书在版编目（CIP）数据

诗词情商 / 宦洪云著. —南京：江苏凤凰文艺出版社，2021.9
ISBN 978-7-5594-6100-1

Ⅰ.①诗… Ⅱ.①宦… Ⅲ.①心理学—通俗读物
Ⅳ.①B84-49

中国版本图书馆CIP数据核字（2021）第140063号

诗词情商

宦洪云 著

出 版 人	张在健
责任编辑	朱雨芯
策划编辑	文芹芹
装帧设计	观止堂_未氓
责任印制	刘 巍
出版发行	江苏凤凰文艺出版社
	南京市中央路165号，邮编：210009
网 址	http：//www.jswenyi.com
印 刷	苏州市越洋印刷有限公司
开 本	880毫米×1230毫米 1/32
印 张	8
字 数	92千字
版 次	2021年9月第1版
印 次	2021年9月第1次印刷
书 号	ISBN 978-7-5594-6100-1
定 价	58.00元

江苏凤凰文艺版图书凡印刷、装订错误，可向出版社调换，联系电话025-83280257

目 录

综　述	001
第一套　职场篇	011
第一式　小扣柴扉	013
第二式　横看成岭	022
第三式　此时无声	031
第四式　无意巧玲珑	040
第二套　交际篇	051
第五式　报得三春晖	053
第六式　天意怜幽草	065
第七式　犹抱琵琶	076
第八式　霜叶红于	086

第三套　逆袭篇 …………………………… 097
第九式　假作真时 ………………………… 099
第十式　错错错 …………………………… 109
第十一式　却道天凉好个秋 ……………… 119
第十二式　闲意态，细生涯 ……………… 127

第四套　劝导篇 …………………………… 137
第十三式　舍我其谁 ……………………… 139
第十四式　醉翁之意 ……………………… 149
第十五式　李蔡为人在下中 ……………… 160
第十六式　彩云易散 ……………………… 171

第五套　技巧篇 …………………………… 183
第十七式　春潮带雨 ……………………… 185
第十八式　文似看山 ……………………… 203
第十九式　山在虚无缥缈间 ……………… 217
第二十式　白发三千丈 …………………… 233

注　释 ……………………………………… 244

后　记 ……………………………………… 251

综 述

情商是一种客观存在。强身健体的太极拳有二十四式、三十二式等各种套式，那强大心智，"不战而屈人之兵"的心理博弈，自然也应有它的基本招式。往大处说，战争时期，运用在战争场面的叫心理战；往小处讲，在承平岁月里，人们在职场、交际及事务运作中的心理博弈，当视作"情商"比较恰当。一路太极拳，打得身体虎虎生威；一通"情商组合拳"，打得对方心悦诚服，"山丹花儿开"——基本如此。

在人们相互交往中，心理博弈常常以一种不自觉的方式在进行，不管你是否意识到这是"情商"，抑或思维里是否有"情商"这一概念。

瞧，儿孙辈跟长辈撒娇，说些老人爱听的话儿，做些长辈受用的亲昵动作，如捶背捏脚，常常就能得到自己想要的东西，这不啻就是一招微情商小技巧！这就为情商在人们日常生活中所处地位和功用提供了注脚。

情商韬略的升华即是心理战。大家耳熟能详的心理战典型战例，诸如孙膑减灶、诸葛空城、纳粹闪击苏联前签订苏德条约、七个德国兵占领贝尔格莱德城……其实都有赖于对对方性格及心理活动的把握，是一种"逆情商"。即便冷战时代，国与国对抗采取的国策、政治手腕、外交谋略、经济方针等，无一不凝聚着对对手心理的预测，包含有大大小小无数个系统情商韬略。同样，在平凡岁月中，人们在生存竞争中的搏击征逐，也体现出太多的情商实践技巧。因此，说情商韬略是个体奋斗制胜的唯一法宝，并不过分。

情商有其社会道德和伦理的约束。我们探讨的多为日常生活中个体情商韬略的表现与运用，是狭义的。可以想见，课题提出伊始就会受到来自社会风俗、道德、伦理的约束：既不认同为达目的而不择手段的所谓"情商"（列宁说过，手段的卑鄙正好证明了目的的卑鄙），也坚决排斥以优雅高超、幽默风趣的"攻心为上"之名去行损人利己之实。必须指出，这里有两点需要阐明：一个是道德规范、伦理风俗是动态发展，随时空转换的。封建时代帝王将相、才子佳人的许多做派和"小动作"，今天看来大多都不够敞亮，甚至有违道德，然而在那个以三纲五常和三从四德为主流价值的时代，还远够不上"目的的卑鄙"。相反，这些"小动作"中情商韬略特多，不乏视角别致，技艺精巧的，其方式方法就大可借鉴。另一个是情商韬略作为一种技术手段，本无褒贬色彩。鲁迅说过，人一要生存，二要温饱，三要发展。生存、温饱、发展这些都是人的正当追求，借助情商技巧予以获取是社会理性竞争和人生价值的体现。现在的问题是,它也像核能源、现代网络技术一样是把双刃剑,既可以造福人类,也会产生负面效应。在一些坑蒙拐骗的案例中,也能窥见到"逆情商"的影子,纵然如此,我们也不能因情商手法可能被坏人利用而否定它的客观价值和正能量。从这个意义上讲,把情商韬略作为一种软科学、纯科学加以研究和推广无可厚非。

情商是思想方法、思维方式的代名词。"情商"这个词出现得较迟,其实就是过去我们常说的思想方法和思维方式的另类归纳。情商高的人,一把钥匙开一把锁,到什么山上唱什么歌,瞧,这不是"具体问题具体分析"吗?因为情商高,你总能挠到别人的"痒处",进而让人接纳你、喜欢你;因为情商高,你能找寻到适合自身发展的路子,扬长避短,白手起家,由弱小到强大,最终华丽转身,完成由量变到质变的飞跃。那个南京城（或是北京城）外的村妪刘姥姥，情商高得吓死人，仅凭若有似无的"瓜蔓亲"就勇闯皇亲荣国府，在与贾府一干人众的角逐中可谓步步为营，韬略迭出，并成功完成角色转换，一跃而成为贾府的恩人——在贾家衰败后救了王熙凤的千金巧姐儿，应了"高手在民间"这一网络戏语。现在问题已经很清楚了！说些让人受用的话，做些可人心的事，彼此融洽，共生双赢，用形象思维来说叫情商，从逻辑归纳方面讲叫思想方法或思维方式。那么，挖掘人们情商潜能、助推人们情商提高的方式方法自然就叫"情商韬略"。

唐诗宋词情商多多。21世纪初，正是企业改制、职工下岗的高峰期，记得《金陵瞭望》一篇文章里提到：在能熟背唐诗宋词三五十首的人中，就没见一个下岗的！近年来，我也利用各种场合随机调查，发现能把唐诗宋词吟诵的十分麻溜的退休一族，每月养老金都轻松逾万元！如果这样说还嫌抽象，缺乏说服力，那俺身边就有活生生的例子：俺堂哥和同事小宁，当年在公司职务最低，八个人的科室，六个领导，谁都可以管他们。他俩办公桌台板下，各压了一张宋朝人的小诗。堂哥是杨万里的"篱落疏疏一径深，树头新绿未成阴。儿童急走追黄蝶，飞入菜花无处寻"。小宁的呢？是程颢的"云淡风轻近午天，傍花随柳过前川。时人不识余心乐，将谓偷闲学少年"，足见他们有多么酷爱诗词。堂哥人缘不佳，刘副总裁"顺应民意"，提醒他"可能下岗"，正当俺们替他着急时，他竟然在天命之年参与竞岗，当上了单位的中层正职——升职啦！嘿，还不是简单升职，三个科室的科长由他一人兼任！小宁就更不得了，五十多岁还被提拔为市政府机关副局长，这在女同志中不能说绝无仅有，至少也是凤毛麟角。形成这种格局的原因自然是多方面的，但他们善于从诗词中汲取养分也是不可忽视的因素之一。

唐宋诗词里究竟有甚奥秘？如今细细研读，放开思维看，惊奇地发现，它们既是文学的，又是政治的，还是军事的（边塞诗种种），更是为人处事的，充盈着丰富的生活经验和辩证法的光芒，甚至可以说是情商韬略集大成。为方便阅读，姑且将散见于诗词中的各种韬略归纳为五套二十招式，分摊在职场、交际、逆袭、劝导和技巧五篇中。其实稍加推演，不难发现，每个招式丝毫不受篇名限制，相互兼容，有时一个精彩的案例还是各种招式组合运用的结晶——且看正文分解。

第一套　职场篇

第一式　小扣柴扉

宋人叶绍翁诗中有一句："应怜屐齿印苍苔，小扣柴扉久不开。"它的妙处在于轻轻叩一下柴门，迎来的是春意盎然、红杏出墙的美妙景色。在情商韬略中，这一招式寓意轻轻拨弄一下对方的心弦，就使其心旌摇荡，达到出人意表的效果。

同义词： 举重若轻　四两拨千斤

案例1： 国外有家保险公司，认定只要富商安迪斯肯买保险，他们的经营局面就将为之一新。遗憾的是，几拨业务员前去游说都悻悻而归。最后，有个叫克莱门特的小伙子立下了军令状。他去找安迪斯，还未开口，安迪斯就大发雷霆："别来烦我，我挣的钱足够母亲养老和儿孙坐吃几辈子的了！"小伙子一听，顿觉有门儿。再次登门，他身后跟着一个老妪和一个瘦小的男孩，腋下夹着一卷报纸，当场给富商来了个"三部曲"：老妪打扫房间，小孩擦擦皮鞋，再就是呈上连篇累牍的众多富豪一夜破产的新闻报道。面对诧异的安迪斯先生，克莱门特从容说道："您是位睿智的成功人士，即使生意失败，相信也能通过奋斗东山再起，但您的母亲和孩子却不免要在您二次、三次创业中像这位保洁老妇和擦鞋男孩一样付出辛酸的代价。"听了这话，富商的脸色由愠怒到皱眉，最终舒展开来。"好吧，我们来谈谈，"他说，"你看我适合买哪一类险种？"[1]

点评：出招前，调研是必不可少的环节。小伙子从富商的只言片语中获知其具有浓厚的孝母爱子的情怀，于是一招制"敌"，情商优势毕现。

案例2：在一个春光明媚的午后，一群乞丐蜷伏在街心花园向路人行乞，有个乞丐因双目失明，所获少之又少，难以果腹。怎么办，难道就这样活活饿死？他想了一夜，终于想出一个法子。第二天，他请人写了块硬纸牌，上面写道：春天来了，我却与阳光、鲜花、绿地无缘。那一天，他整整乞讨到足够支撑几个月生活的钞票。[2]

点评：硬纸牌上的字诱发出人们内心深处热爱大自然的情感，会让人感到：欣赏不到春光的人才是最让人怜悯的，于是，自然而然地产生了悲悯之心。在这里，我们看不到絮絮叨叨的奴颜婢膝，也难见声泪俱下的可怜巴巴，有的是"寥寥几笔而神情毕肖"（鲁迅语），于轻波潋滟间走向成功的彼岸。

案例3：唐宋时诗词流行，人们不仅吟唱，而且还作为相互间沟通、交心的媒介。一些身份卑微而又富于才情的靓男倩女往往借助诗词，打动当权者。南宋台州营妓严蕊，遭朱熹构陷下狱，惨遭鞭笞，九死一生。后岳飞儿子岳霖

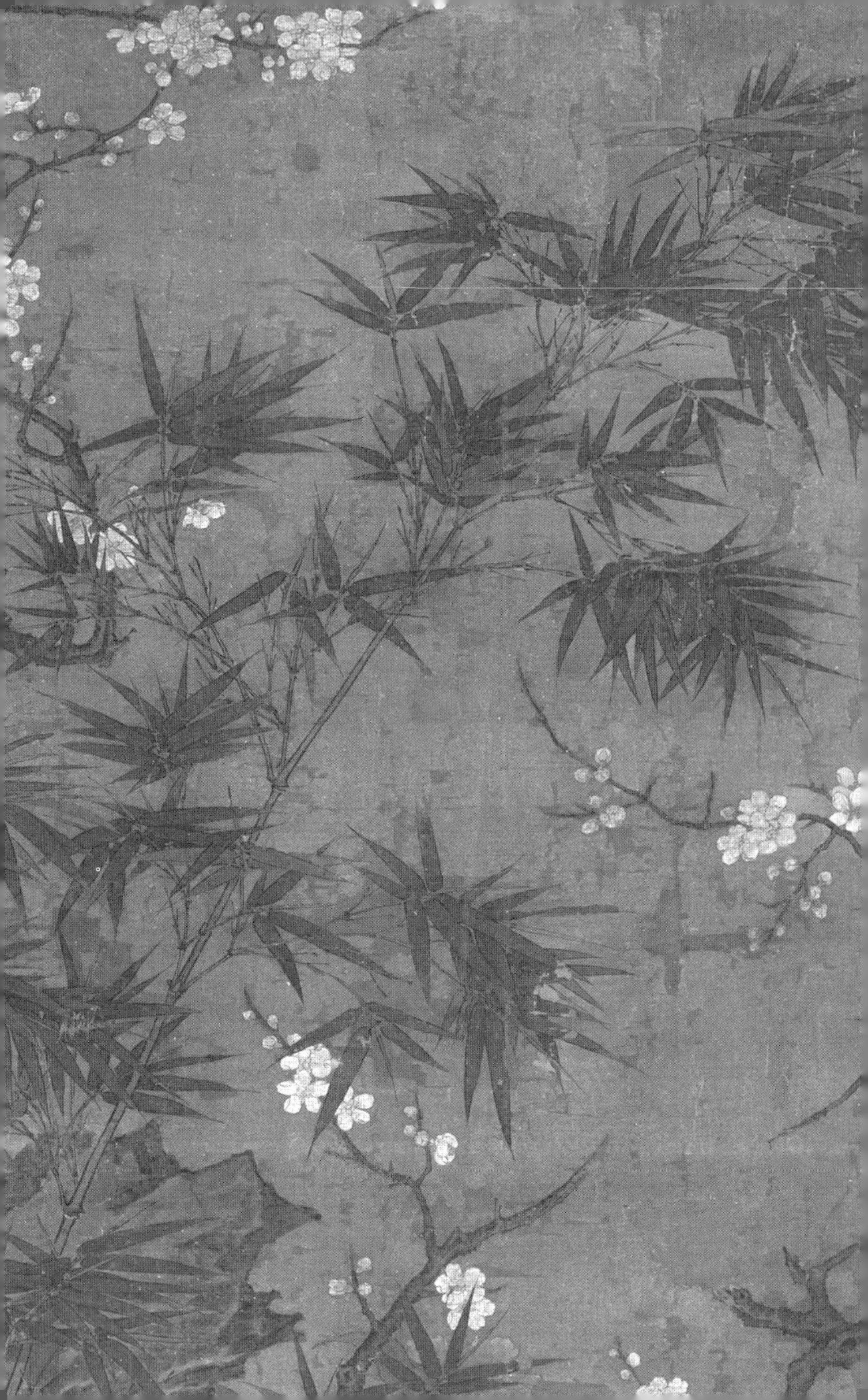

改任主审官,弄清了原委,并问其出狱后有什么打算,严蕊随即吟出一曲《卜算子》:"不是爱风尘,似被前缘误。花落花开自有时,总赖东君主。去也终须去,住也如何住!若得山花插满头,莫问奴归处。"吐露出对当年堕入风尘的不甘和渴望从良、不做"老行当"的心迹。小岳同志大为感佩,亲手为她打开枷锁,予以开释。如果说"忠良之后"纠正冤案是依法履职,那么严蕊出狱后被朝野普遍认同和看好,最后竟嫁入赵宋皇室,显然得益于岳大人慷慨激昂的广泛宣传——宋朝真好,包容大度而与人为善,实在是失足者的天堂![3]

点评:严蕊叩开士大夫心灵的密钥就四个字:不甘沉沦。英雄不问出处;天助自助者;天作孽犹可恕,自作孽不可活——这些千古不变的道理早已深植人心,现经严蕊这么轻轻一倒腾,全部涌上心头来了。不管小严有意或是无意,这悲情牌打得恰到好处。

他篇链接

技巧篇：抗战时，重庆某机关扩建办公楼，周遭民房都拆迁了，唯独在国库署工作的李官员一家自恃后台强硬，拒不搬迁。该机关用许以重金购买、房产置换、熟人讲情等各种手法，均不见效。这家机关的长官只得亲自登门拜访，虽然也没谈妥，却发现一个现象：李官员后妻年轻漂亮，跟李的女儿年龄相当，于是眉头一皱，计上心来。他找来几位年轻英俊而又性格外向的男下属，叮嘱几句。于是打这天起，常见一些帅哥轻叩李官员的院门，不是礼貌地约请夫人跳舞，就是斯文地盛邀小姐郊游。日子稍久，这青春年少的娘儿俩是否会芳心萌动？不好说！反正比妻子大二十来岁的李官员越想越后怕，没提出任何条件，就立马卷起铺盖，挈妇将女，落荒而逃，上演了一出逼真的"小扣柴扉"戏码。[4]

逆袭篇：一次，曾经的联合国秘书长举办慈善募捐晚会，出席者自然非富即贵。这时，一位衣着朴素的老奶奶挽着小孙女试图进入会场，被门卫礼貌地拦下。老奶奶扬了扬小姑娘手上的储蓄罐，解释道："听说这里搞募捐，我孙女想把自己积攒的零花钱捐上。"门卫脸上洋溢着和善的微笑，但依旧坚持原则不动摇：请出示请柬！

一直沉默的小姑娘插话道："叔叔，募捐不是钱，是心意，您觉得呢？"门卫脸上的肌肉抽搐了一下，很快恢复了常态，坚决地说："抱歉，你们真的不能进去！"于是，小女孩当晚献爱心的热望眼看要泡汤……

"等等，"一位气宇轩昂的老爷子拦住了她们，动情地对小姑娘说，"孩子，我赞同你的话，募捐是心意！"老头递上请柬，挽着小姑娘径直走进会场，身后传来门卫恭敬地问候："晚上好，董事长先生！"

当晚，镁光灯全部集聚在这位捐出寥寥几十元的可爱的小天使身上，她那一句轻柔柔的"募捐是心意"，通过各大媒体的宣传，叩动了亿万人的心弦。[5]

劝导篇：曹操捉住了吕布，本想为己所用，"人中吕布，马中赤兔"嘛！刘备扔过来一句轻飘飘的话：想想丁原、董卓吧！曹阿瞒脑袋瓜像被重锤猛击了一下，嗡嗡作响，前两位枭雄被义子吕奉先所弑的一幕，逼真地浮现在眼前。于是，曹操当即让吕壮士做了刀下鬼。[6]

现身说法：我有位好友的儿子叫小飞，初中在鼓楼一所中学就读，成绩一直在倒数几名打转，英语单词几乎"不识一丁"，师生和家长都觉得这孩子太笨，"没治了！"。他自然也自暴自弃，一度甚至热衷于在胳膊上刺青——作为一名学生，显然已到了"问题少年"的边缘。那天，外语课堂上走进一位年轻靓丽的新教师，在抽查背短文时，恰恰点了小飞的名字，同学们一阵骚动，心想这下小飞可要出乖露丑了。果然，小飞硬气地说："不会！"女教师很有耐心："好，给你十分钟再背！"时间一到，她又把小飞提溜起来。"看来今天碰到'女魔头'了！"小飞心里嘀咕着，想到已跟小伙伴约好课后一块吃烧烤的事，觉得必须赶快脱身，于是请求道："再给我五分钟呢？""行！"女教师倒也爽快。在同学们诧异的眼神中，小飞居然顺顺溜溜把课文背诵完毕。女教师莞尔一笑，清脆地吐出三个字："好记性！"

那时已入寒秋，小飞内心却暖洋洋的：哼，别打门缝里把人瞧扁了，我要是用心，你们那点分数算啥啊！说来也怪，打这以后，小飞学习成绩扶摇直上，像是换了个人，后来愣是考上了苏北一家师范学院的美术学院，成为学生会里响当当的人物。可能是为了办学生刊物吧，他一副诚恳劲儿地要跟我学写作，我有啥理由拒绝一个智商情商堪称双佳的后生的要求呢？[7]

第二式　横看成岭

"横看成岭侧成峰，远近高低各不同。"这是苏东坡咏庐山诗《题西林壁》中的首句。它提示读者从不同的角度看事物，将会得出完全不同的结果。在情商韬略中，此招式包含多视角、多层面地观看、分析、陈述的办事风格。

同义词：反弹琵琶　剑走偏锋

案例1：国外有家很著名的学校——沃顿商学院。它是各国莘莘学子梦寐以求的高等学府。曾几何时，中国一位李姓学子为了打入该校，数度冲关但铩羽而归。问题出在哪里呢？面对最后一轮面试机会，聪明的小李转换话题，单刀直入：我知道，一件事情的结果是由多种因素构成的,我更想知道,我不被录取的真正缘由是什么。主考官一怔,但还是委婉地回答:"我们……所招的学生大都是资深商务人士。"小李先生扶了扶领带,坦荡地露出笑容,一副"果然不出我所料"的自信,他正色道:"世界各国经济状况不同,商务发展速度各异,按照你们眼下的思路,必然造成发达国家生源爆满,而发展中国家生源稀缺的结果,这种马太效应与你们堂堂一流高校的办学宗旨不是南辕北辙吗?"说罢,他大步流星地走出考场。

后来,沃顿商学院主动找到他,坦陈李同学与众不同的自信与气度,让招生办的头头深深折服,并郑重通知他:在大几十号申报该校的中国学子中,他是唯一被录取的。再后来,李博士当上一家国际性大银行的中国区总裁。[8]

点评:如欲真学诗,工夫在诗外。当事人在觉察到录取标准可能另有隐情时,能够果敢侧面闪击，完全打乱对方思路，演出一幕活脱脱现代版"说大人，则藐之"的好剧。

案例2：作家毛姆写了篇长篇小说《兰贝斯的丽莎》，出版后一直鲜有读者问津，愁了一阵后，奇招也出来了。他自掏腰包做了则征婚广告，说有个年轻的百万富翁征寻女友，条件是要跟毛姆小说中的女主人翁性情相同……此征婚广告一出，市场上新书迅速告罄。[9]

点评：百万富翁的诱人光环，对书中女主角的好奇，视角独特而富悬念的征婚广告，都是人们心思中的燃点啊！

案例3：凯里和科林是一对穷光蛋。这天也是合该他们有事！他俩在闹市区居然碰上国际著名燃油公司的洛先生。看见路人的热烈反应，科林心想财神到了，忙颤声乞求道："先生，给点钱吧！"洛氏几乎没抬眼，爽快地施舍给他们十块钱——要知道，那会儿的钱真叫值钱，这十块钱够一个白领吃好几天的呢！得手

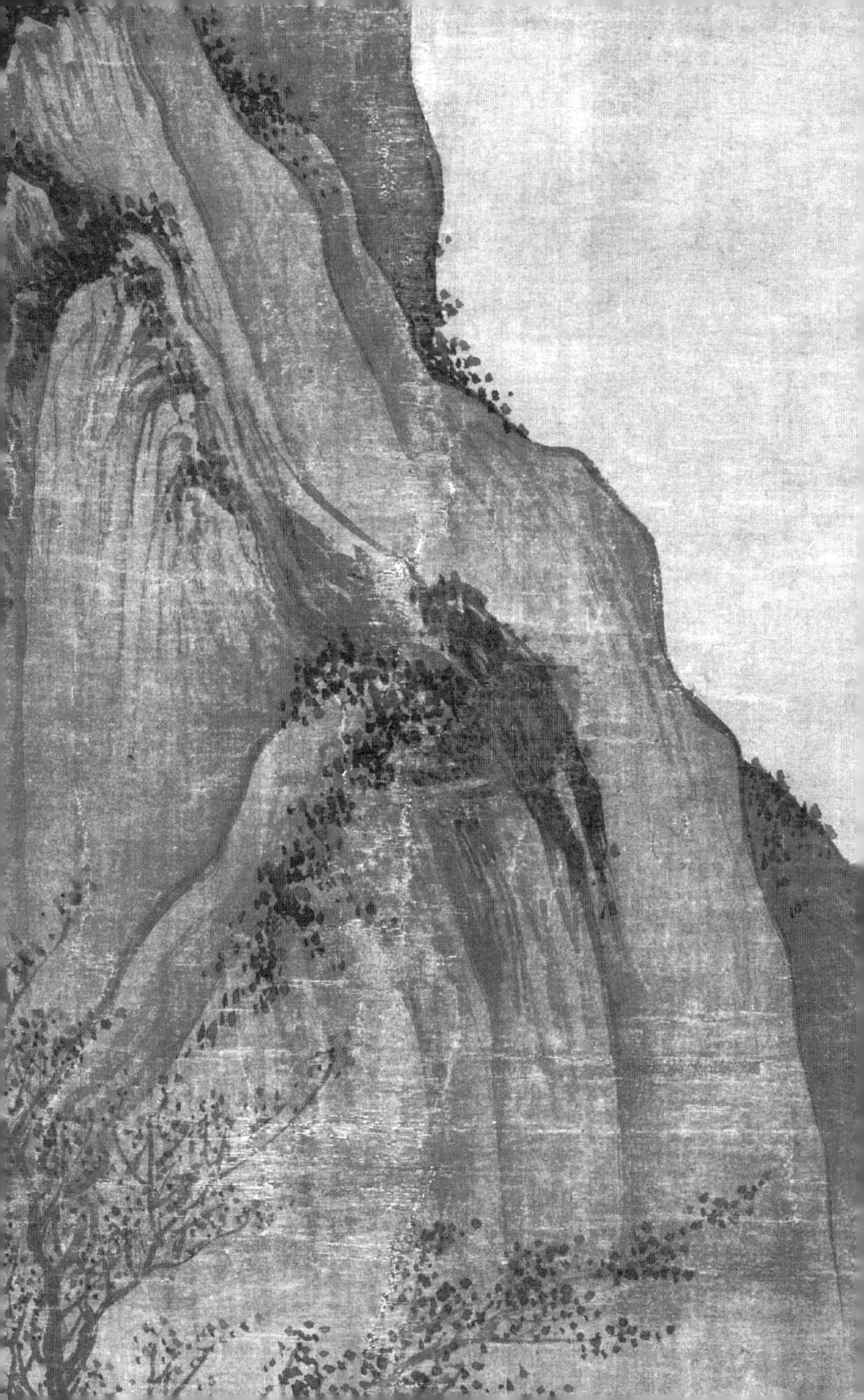

的科林连声感谢,还不忘把凯里推到前面。洛老板见状,自然地又抽出一张钞票。

"不不,"凯里羞涩地摇头道,"我只想要一张先生您的名片,可以吗?"洛氏木然的脸上迅速闪过一道讶异的神情,顿了下,还是从兜里摸出一张名片,嘴里喃喃自语道:"这年轻人,倒……与众不同。"

此后的一天,凯里手持名片昂然踏入这家国际燃油公司旗下的标准公司,坦然地对人事经理说:"我很高兴地告诉您,洛先生对我的评价是:与众不同!"

人事经理瞪大双眼:"真的?"凯里从容递上名片,一字一句背诵道:"他的电话是……"后来,凯里成为标准公司销售总经理,科林还是穷光蛋,倒是常来凯里这儿"打打牙祭"。[10]

点评:穷,穷在思维上;富,富在情商上;人难免会为"独具一格"的陌生化、新鲜感而心动。

他篇链接

技巧篇之一：南宋初年，战乱甫定，江南老百姓省吃俭用，存钱、藏钱风气很盛，因此国家一度出现钱荒。为加速钱币流通，朝廷出了不少新政，可就是没法改变"藏钱于民"的局面。当朝宰相听完属下汇报，喃喃自语道："老套路不成，得换个辙儿，官家不出面，从坊间推推呢？"于是他请了个民间剃头匠来相府理发，临了，原本两个钱的理发费，宰相人竟甩给他五千钱！

看着剃头匠目瞪口呆、大惊失色的样子，宰相附耳过去叮嘱道："老夫得到确切消息，这钱就要作废了，赶紧用掉！"剃头匠恍然大悟，宰相大人的话岂能有假？立马回去来个"突击消费"，当然还不忘捎带告知自己的至亲好友……没几天，临安城市场上铜钱比比皆是，这种风气迅速"传染"到江南各地。[11]

技巧篇之二：有个农妇卖辣椒，她不像旁人那样把辣的和不辣的一分为二让顾客选购，而是大大小小，颜色各异的混堆成一座小山。对爱吃辣的买主，她笃定地说："买细长条的，辣！"对怕辣的主儿，她憨厚地笑笑："买胖嘟嘟的，甜！"辣椒被捡的个头都差不多了，她老道地告诉顾客："皮薄的辣，皮厚的鲜！"到后来剩下的辣椒也难分皮厚皮薄了，她又神秘兮兮地告诉来人："深色的辣，浅色的鲜。"不到一个时辰，一大堆辣椒卖个精光！我没验证过她的说辞是否属实，但这灵活的视角转换，就得佩服她"横看成岭侧成峰"的发散性思维。[12]

现身说法：我有个堂兄，二十世纪八十年代在武汉一家报社驻宁记者站做兼职记者。站长是政府部门一位仲姓头儿，在他的斡旋下，相关部门拨了一套单室间做办公用房，汉口还派了个专职记者小王专门跑宁镇扬一线的采编。那会儿，堂兄家住房局促，大哥从洪泽调回，结婚后暂住家中过渡，父母寄居六合单位宿舍，可怜堂兄只能挤住在房屋后一狭窄的巷当（南京方言，指小巷子）搭起的小木阁上，其中的窘迫可想而知。于是，堂兄打起了记者站办公用房的主意。他在成贤街春雅饭店整了一席小酒，请上小王记者，透露了意思。小王挠挠头，迟疑道："在办公室住宿有点那个……那……至少要老仲同意吧？"

"那是自然！"堂兄笃定地说，"关键看你怎么说。"

怎么说？这还不简单！小王提议，带些礼物去老仲家看看他，顺便把自家住房紧张的困难向他汇报，请他照顾。

"不行，"堂兄直接否定了小王的线性思维，"得换个角度讲，造成是我在帮他忙的样子，事情就有门了！"

小王傻瞪个大眼："这不是大白天说梦话？你想借住记者站，咋就成了帮老仲忙呢？邪门哦!"

堂兄笑着秘授机宜：小王向仲主任汇报，说自己宁镇扬、长三角满处跑，记者站没人值班，总社的电话、传真及新闻采访要点都不能及时获悉，长此以往，记者站工作是很难有起色的。好在堂兄是单身小青年，如能多吃点苦，晚上在站里住宿，顺带值守，那问题就解决了。听说堂兄最听仲老师的话，倘若仲老师出面跟他商量，想必……话还没说完，王记者就喘着粗气，大喊："妈呀，这顿饭我请了!"结果，堂兄不仅住上了设施齐全的套房，老仲更是逢会就表扬他。堂兄一度蝉联"优秀记者"称号。

第三式　此时无声

这是白居易的名篇《琵琶行》里的一句："此时无声胜有声。"它引申出，在心理博弈中，有时言多必失，反而易于为对方所制，而适时沉默，拿捏得当，往往会收到出人意料的效果。

同义词：润物细无声　于无声处　桃李不言，下自成蹊

案例1：二战到了尾声，苏联红军攻入柏林，德军顽强抵抗，与红军展开一街一巷的争夺。子弹穿梭，炮火如流星般划过。突然，在两军密集对射的残垣断壁中，传来儿童的啼哭声，一位红军战士经过短暂的犹豫，毅然向孩子匍匐前进，战友们意识到他的意图，立即加

大火力给予掩护。当战士终于找到孩子，抱着他弓腰回转时，对方德军阵地似乎明白了什么，忽然停止了所有射击。空气几近凝固，周遭出奇的静谧，当战士一溜儿小跑回到自己阵地的掩体时，对方才发出零星的枪声。翌日，红军战士勇救德国儿童的传单从柏林上空纷纷扬扬地飘落下来，大大加速了红军占领这座城市的进程。[13]

点评：有部电影叫《战争，让女人走开》，应该说，战争更应让孩子避开，无论何种性质的战争，儿童都不应沦为受害者。幸运的是，交战双方都明白这个理儿，于是乎，红军战士一番充满爱心的生死营救，像一颗颗无声的子弹，击溃了德军坚强的心理防线，终于使"攻克柏林"成为现实。

案例2：旧时北京城有家"义和"当铺，一天，一个中年人匆匆走进，急切地想借贷八千两银子，少东家问道："以何抵押？"来人摇摇头，为难地说："能抵押的早抵押了，现在只能靠信用，不过利息可以从厚。"少爷脸上迅速掠过一丝嘲讽，嘴上却客气地拒绝道："不好意思，小本买卖，信用做不得啊！"几经磨嘴皮子，大公子就是不松口。来人叹息了一声，转身离开，到了门口，碰巧雷声大作，暴雨倾泻而下。中年人放下背包，拿出一双旧布鞋和一袭青布旧长衫，小心地换下身上一套簇新的行头，方才撑起雨伞，迈出门槛。

"等等！"喊话的是当铺老掌柜，"这位先生，请客厅用茶。"掌柜热情地留住中年人，细问原委。

原来，这人是"九味斋"饭铺的资深伙计，饭铺老板殁了后，后代不成器，打算半价将饭铺尽快脱手，兑换现银去过花天酒地的生活。这伙计心疼"九味斋"招牌，不忍老东家几十年心血付诸东流，于是想自己盘下，继续营业。他卖尽了所有值钱物件，但还差八千两银子，不得已才来"义和"碰碰运气。至于被问道为何下雨换衣服、鞋子，他难为情地笑笑："我的一套出客服早送当铺了，这是借别人的，怎能被雨水糟蹋呢？"

"银子我借了，就冲你这样念叨老东家，这样爱惜他人衣物。"当铺老板先是赞许地点了点头，继而扭头喊道，"来人，拿八千两银子，陪我随这位先生去'九味斋'交割！"一年后，这位"九味斋"的新东家连本带息，把银两还给了"义和"当铺，同时还不忘送上一块"救急济困"的烫金匾额，把小掌柜惊得目瞪口呆。[14]

点评：我们常说，细节决定成败。这位"九味斋"的老伙计无论是有意还是无意，都展示了一个精彩的细节：把借来的衣鞋小心翼翼包裹起来，表现出对物力艰辛的深切感知，进而拨动了老掌柜的心弦，是后者当年艰苦谋生的情景再现？抑或从老伙计身上看到了日后辉煌的端倪？我们不得而知，可以肯定的是，这一无声的举动比絮絮叨叨愁苦乞讨要有效多了。试想,当铺每天押进押出的盘剥生涯中,听过多少凄惨断肠的故事,倘若都这样大发慈悲,那不早就关门大吉了吗?

案例3:民国初期,扬州一家旅店老板夜间被杀,警察查看现场,盘问所有店伙计、旅客、邻居和死者亲属大几十号人,均没发现什么有用线索。派出所哈所长推断:这旅店离县府不远,晚上打更的、巡街的甚是频繁,凶手肯定还没离开,多半藏在调查过的这拨人当中。如何才能让其露出马脚呢?晚餐二两黄汤下肚,哈所长脑洞大开:你一询问,凶手就心里有了底,知道你啥也没掌握,自然从容淡定,如果我来个"糊涂官判案"呢?

翌日,他着手下把讯问过的人全部传到警所操场上,然后独独逮出一个老眼昏花的八旬罗锅子老汉关进审讯室,送上一碗白开水,一把馒头干,便再不管他。操场上的一干人众熬了几个时辰,终于看到罗锅子颤巍巍、一把鼻涕一把眼泪地出来了。警察还亲自送他回家,然后才解散一干人众。老哈叮嘱两个警员,让他们暗中监视罗锅子,一经发现有人找他,立即擒拿。果然,到了夜晚,一道黑影窜入罗锅子家,手上还拎了盒桃酥,一个劲儿追问罗锅子白天警察都问了些啥。罗锅子稀里糊涂,自然说不出个所以然,而越不说,来人越急切,又掏出两块银元加以利诱。这时,警员们破门而入,一看竟是旅店的大伙计!后面的事情他一一交待出来了:原来,他早就勾搭上了老板娘,为尽快谋夺家财,那日终于下手,想来个一了百了。岂料阴谋败露,败在哈警官"此时无声"的妙计上头。[15]

点评:俗话说,为人不做亏心事,夜半不怕鬼敲门。但凡贼人,纵令智商再高,作案再老道,手法再无懈可击,然疑神疑鬼的心态或多或少是改不了的。他想掌握动态,以便采取对策，就会伺机而动，孰不知，"此时无声"正是让其自乱阵脚、自我暴露的一味对症良药！

他篇链接

劝导篇：二十世纪五十年代，山区的生态环境那真叫一个好，野兔、野猪、獐子等各种小动物满山跑。有位老干部酷爱打猎，这年秋天，他照例带上警卫登山狩猎。往常，都由当地派几个粗黑的农民向导，有时兼作抬滑竿，这次邪门了，向导竟是几个白净的斯文人。老干部打猎心切，不及细问，立马左右开枪。傍晚时满载猎物凯旋下山。心情愉悦的他，好奇地问向导都是做什么的，领头那位穿旧中山装的中年人抹了把汗，略显羞涩地说："我们都是县委的人，这当儿正是农忙季节，县长怕耽误农民收割，就派我们几个来了……"老干部默然，面有羞赧之色。此后，老干部再也没打过猎,听说只是偶尔用高压气枪在周边树林子里打打小鸟,过过瘾罢了。县长未进一言,甚至根本没跟老干部谋面,就达到了成功劝导的目的。[16]

技巧篇:清朝建立伊始,为避免明末缺粮引发的流民骚乱,大力推广种植番薯,以备粮荒。无奈官家磨破了嘴皮子,农民就是不愿种,宁肯灾害时去逃荒要饭。江都有个本家典史,官不入流,天资聪明,他一声不吭,在丁沟平桥圈了十几亩地种下番薯,煞有介事地派出全副武装的衙役看守,引起了周边村民的兴趣:这地里没准种着啥仙草吧?毕竟田广兵少,还是让村民偷挖了不少番薯去种,一品尝,红心甜味,还能管饱,于是,番薯很快在江淮一带推广开来。这个番薯就是俺们现在吃的山芋,有科学家研究说,它还防癌呢![17]

现身说法:我有位远房堂兄事业上小有成就,按古话说也算是"七品正堂"吧。他衣食上乘，还混了个副教授头衔。只是他的老婆生性活跃，喜欢在社交场合与他人勾肩搭背，日子一久，风言风语自然传到堂兄耳中，他劝说过老婆多次，始终无果。社会地位不低的堂兄自然不肯俯就，正式提出与老婆分居，不行就好聚好散，彻底"拜拜"。老婆泪水涟涟，高低不肯。堂兄不为所动，就近租了个公寓，过起了单身汉的生活。一次周末，他去菜市场买菜，还未开口，那个卖肉的红脸大汉就说："来一斤五花肉炖千张结？"堂兄甚为惊讶："你怎么知道？"摊主诡秘地一笑："你婆姨每次买肉，都买五花肉，她皮夹里总放着一张照片，看多了，今天一眼认出就是你！"堂兄一愣，一股复杂的难以言喻的感情迅速掠过心头：一个整天揣着你小照的老婆，你还要苟求她咋的？堂兄耷拉个脑袋，一步步挨进家去……[18]

第四式　无意巧玲珑

辛弃疾的词《临江仙》中有名句："有心雄泰华，无意巧玲珑。"泰山、华山虽高大得笨拙，却让人踏实和敬仰。盆景精巧、玲珑，不免造作，把玩可以，却无法让人产生敬意。

同义词：大智若愚　大巧若拙　装愚守拙

案例1：南京一家IT行业上市公司招聘白领，老板乃朴实之人，面试时也不搞什么云里雾里的花架子，只发一提纲，让应试者略做思考作答。面试的内容无非是行业前景预测、企业经营理念等"大路货"。面试中，董事长深感不乏人才，面对这普通题目，许多应聘者尽兴发挥，新颖别致，神乎其神。当测试到一个

"小平头"时，谈到经营理念，他直白地说："企业就跟一个家庭过日子一样，反正做人有来有往，做事有始有终就行了！"说完，又下意识地抬腕看了看表。

老总和在座的考官兀自愣住了，其中有位不客气地叱责道："你老看表干吗？难道你时间比我们金贵？""小平头"歉意地一笑："我记挂着给老爸做饭呢！"显然，他没能通过这轮面试。

一个周末的中午，他照例带老爸去小区附近的南京精菜馆吃饭，老爸年逾古稀，依旧酷爱家乡菜"红烧斩肉"（狮子头）。小伙子熟练地把偌大的肉圆子挟入盘中分成小块，递给父亲大快朵颐，还不时用一方餐巾纸替老爸拭去嘴角边流溢的油渍。时钟嘀嗒嘀嗒流淌，这对父子吃饭用了常人就餐两倍多的时间。直到他搀扶着菜足饭饱的父亲离开时，也没有察觉到，店堂一角的餐桌边，目送他们离去的两个戴着鸭舌帽和阔边墨镜的绅士，正是那家IT公司的总裁和人事经理。翌日，"小平头"接到被公司录用的电话，电话那头的话依旧是那么耐人寻味："其实我们公司适合你的岗位多了去了！"也对，世上无难事，只怕有人心嘛！[19]

点评：在"后IT时代""大数据""企业文化""市场认同感"等时髦词儿满天飞的当下，"小平头"居然能说出企业运作就是"居家过日子"这种大白话，委实笨拙得可以。但正是这种"天然去雕饰"的质朴，引发老板"且看下回分解"的好奇心。诚然，小伙子对老父的孝道也不足以让生意人动心，其实动心的是两件事儿串成一个主题——坚守。"家和万事兴"，需要亲人间的相互守护；"久病床前无孝子"，至孝，有赖于为人子的坚持。无疑，企业发展中的风风雨雨，更需要能够同舟共济的员工。至于小平头做人"有来有往"，做事"有始有终"的八字真言，更是囊括了企业经营理念的重要内涵。高，实在是高！

案例 2：西方某国有位小男孩，从小就一副憨相，亲友、邻居更觉得他是个傻小子。比方说，你拿出 5 分和 10 分的钞票让他挑，他笃定拿 5 分；拿一堆巧克力、蛋糕什么的食物让他选，他会选最小的吃。切记，洋人文化里可没"孔融让梨"之类的典故和传承哟！自然，一条街都知道他是个小笨蛋。大人们常常拿一叠钞票跟他逗趣，寻开心，且屡试不爽。这可急坏了孩子父亲：以后长大了，他咋生存呀？面对父亲的为难，小男孩终于开口了："如果我总拣大面值的拿，以后谁还会给我钱？"父亲一下愣住了……可以告诉你的是，这孩子以后居然当上了国家元首！[20]

点评：总统大人从小就知道"装憨"的好处，纵然有时会被人戏耍，拿来逗乐子。可以想象，数十年后，他也许正是以这样一位实诚、厚道的竞选人形象，击败对手，入主总统府的。

再看我们身旁，那些一脸憨相的同事，人缘总是出奇的好。他们处处不逞能，最终显能；处处不主动，反而主动；评优提拔，多是他们。反观那些从小被家人夸奖、外人称道的机灵鬼，在职场发展并不一定顺畅，正应了"小时了了，大未必佳"的古训。

案例3：北宋大兵压境，金陵城里的才子皇帝除了俯首称臣别无他选。派谁北上纳贡？李后主和众大臣很费了一番脑筋，论"秀肌肉"，南唐跟北宋根本就不是一个重量级的，看来只能在"文"的方面"露一手"，好歹挽回点脸面。最后君臣一致看好才学渊博、口才超群的徐学士出使大宋。听说名动一时的徐大学士北上，赵宋朝廷着实慌乱了一阵，按礼节，他们也要派一名使者前去迎接，可群臣商量来商量去，就是选不出一个能跟徐学士过招的恰当人选，最终事情闹到赵匡胤那儿。

"这好办，"看着一筹莫展的臣子们，太祖

内心一阵好笑，拉过身旁一位官员，叮嘱了两句，就扬长而去——到后宫去了。不久，长江岸边，一位衣着华丽、性格木讷的宋使迎来了自负的徐学士。一路上，徐卖弄学识，侃侃而谈，而宋使不是"今天天气哈哈哈"，就是"嗯，哦，啊"之类的叹词。徐学士就像重拳打棉花，有劲儿没处使，几个时辰下来早已泄了气，只得倒头大睡，于是，官船伴随着学士的鼾声轻波潺缓地荡到东京汴梁城下。看着徐学士呈上贡品，灰溜溜地南下，群臣挺纳闷儿：皇上派了哪位高人能让徐学士铩羽而归？赵匡胤狡黠地一笑："就是个目不识丁的马夫而已。"[21]

点评：大道至简，越是超精巧复杂的东西，可能往往只有用笨办法才能奏效。老股民都有这样的体会：做短线赚差价，运气好偶会得逞，日子一久，最终还得连本带利赔进去，盖因股市太敏感了，任神仙也抓不住。慢慢地，他们学乖了，就盯那些行业前景和业绩好的股，一捂多年，哪天算盘珠子一拨，嘿，还真有赚头！宋太祖的高明，就是用一个文盲去对付"博士后"，让后者彻底没辙了。设想一下，如换个饱学之士，文人相轻，肯定会跟徐学士掰扯、较劲儿，没准真就败下阵了，让北宋失了颜面。

他篇链接

技巧篇：桃花岛比武招亲，黄药师内心属意郭靖，但无论灵气、学识和武艺，郭靖都没法与欧阳克相匹敌，咋整？江湖人士讲究个规矩，歪斧子砍肯定不行，老谋深算的药师想了个怪招：他吹箫，郭靖、欧阳克捶鼓相和，以此比内功和耐力，结果傻小子郭靖居然胜出。原因是他对音律一窍不通，黄老邪的内功及箫鼓之震撼，对他完全起不了"互动作用"。相反，饱读诗书、精通韵律的欧阳克却心性大乱，几近崩溃,自然败下阵来,很好地验证了"呆有呆福"和"聪明反被聪明误"的道理。[22]

逆袭篇:二十世纪三十年代,一帮土匪洗劫了村庄,把村民全押解到类似打麦场的一块空地上。看着土匪个个面目狰狞,手执明晃晃的大刀和黑洞洞的鸟铳,村民们不寒而栗。此时,有个头戴瓜皮帽的中年人上前作揖道:"好汉。"大伙认得,这人是村上殷实之户,也是村中唯一的读书人,人称"大先生"。只见他从怀中摸出一兜大洋,双手递给匪首,告求道:"请高抬贵手,放咱村一条生路吧!"

土匪一把抢过银元,粗鲁地骂道:"屁话!砍了你,这钱照样是大爷的!"手起刀落,把"大先生"砍翻在地。村民见状,"轰"地一下四处没命地奔跑,土匪一路追着砍杀,顿时鲜血四溅。就在这时,匪首惊异地发现,有一个奇矮无比的村民没跑——村里人都管他叫"矮憨子"。匪首用刀指着他:"你咋不逃?"

侏儒嘟哝道："横竖都是死，跑啥呢？我只求大王戳死我，别砍头，砍了头更矮，大家伙儿更要笑话我啦！"

匪首一愣，很快匪徒们都露出黄板牙（听俺姑婆婆说，土匪从不刷牙洗澡）笑翻了天，匪首倒爽快："好，不杀你了！"他指了指周遭横七竖八躺地上的村民，说，"你现在可比他们高不少哩！哈哈……"事后，人们惊奇地发现，"矮憨子"是唯一全须全尾躲过这场浩劫的人。[23]

现身说法：我堂哥刚入职场，长辈们就断言，他做事"挨"，怕难有出息。三五年下来，父辈们的预言成真，跟他一块儿工作的，入团的入团，提拔的提拔，最不济的也弄了个组长当当。家人沉不住气了，催他逢年过节往领导家跑跑，加强加强感情，可他就是不跑。这一晃，数十年过去，盘点既往的人与事，惊异地发现跟他一块儿就业的一拨人，从职级上讲，竟然整齐划一地在一条水平线上！这是为何？

一个寒冬的傍晚，我炖了一锅咸菜滚豆腐，开了一瓶上好的"女儿红"，请他娓娓道来。他夹了块热豆腐，抹了把油嘴："其实，职场上混，犯不着太灵活、太精明，大家干活儿都差不多的，纵使有些人能力强些，事干的多点，到普调晋级时，领导也不会因为这点差异挡你的道，'到生日吃面'，这是常态。"

"那主观的努力和适时冲击就没作用了？"我不便否定他，但两只小眼睛里满是不服气。

"我跟你说个情况吧。"堂哥没正面回答我，他告诉我，同事中有不少人心思活络，知道顶头上司在自己进步上的"现管"作用，年年去拜年。然而人事是变化的，领导分工会调整，你自己也可能会换岗，新老头儿的摊子越铺越大，都去拜年？没这个精力，如只顾及现管领导，问题又来了，过去你"拜访"过的曾经的领导嘴上不言，你"势利"的品性已映在他心里，关键时候，现任领导的帮助和失落老领导的不满，两方较力，相互抵消，所以"他们永远跟我这个从不进头儿家门的呆脑袋一样，到头来还是芝麻绿豆官儿！哈哈哈……"堂哥爽朗地笑了起来。

我猛地一口喝完半碗黄酒，打心眼里觉得他的"呆"，比那些不断转向、忙进忙出的"精明人"厉害得多！

第二套 交际篇

第五式　报得三春晖

"谁言寸草心，报得三春晖。"这是唐人孟郊《游子吟》一诗中的诗句，充盈着对母爱的感恩之情，成为唐诗中的绝唱。何以见得？列朝列代都把"以孝治天下"视为正统，但它引申出的含义又决非仅仅于此，大家都看出其实质就落在"寸草当报三春晖"：感恩！于是乎，上至帝王将相、下到黎民百姓，都把一个人懂得感恩看作是人品、操守之首。可见，有感恩之心并善于感恩的人，就掌握了人际关系的枢纽，有了它，一通百通，行遍天下。

同义词：饮水思源　知恩图报　感恩戴德

案例1：在巴西一个贫民窟里，一个小男孩迷上了足球,可是他的家境穷困,买不起足球。于是,他就把别人丢弃的坛坛罐罐和破塑料瓶当球踢。一天,男孩正在马路边踢得起劲儿,一位绅士模样的中年人驻足微笑着问道:"你很爱踢足球?"男孩紧抱着个旧可乐瓶,默默点点头。"那好,明天你还在这儿等我,我送你一只新足球!"孩子兴奋极了,第二天早早来路边等候,那位先生没有食言,带给他一个崭新的品牌足球!

眼见着圣诞节快到了,绅士走进自家别墅,看见一个小男孩在门前花园里低头忙碌着什么,走近细看,原来就是那爱踢足球的小鬼头!

"你……你怎么会在这里?"绅士诧异地问。男孩用破损的衣袖擦了擦额头上的汗珠,说:"先生,我没钱买圣诞礼物给您,就让我替您挖一个土坑,让您方便把圣诞树种下吧!"看着男孩满是真诚的双眸,绅士内心迅速涌过一股热浪:看不出,这竟是个懂得感恩的孩子!绅士宽慰地笑了："孩子，谢谢你！新年后，你就到我的足球俱乐部来踢球吧！"若问这男孩姓甚名谁？赫赫有名的球王贝利是也！[24]

点评：一个十岁左右的小男孩，决不可能工于心计地去做出什么以"懂得感恩"之类的花招博取成功的事情。感恩之心恰恰天然地深植于这个贫民窟长大的孩子的心灵。从进俱乐部直至成为扬名世界的球王，他经历过不少漫漫岁月的沟沟坎坎，但可以笃定地推断：一颗永不沉睡的感恩之心为其铺就了走向成功的康庄大道。

案例2：一百年前，在法国一个偏僻小镇上，一对不名一文的旅行者，或许也可称作流浪汉吧——盖诺兄弟——与镇上多伦老爹签订了一份协议：老爹提供一千法郎让兄弟俩开面包房，条件是以后每周免费给老爹家提供定量的面包或点心。兄弟俩白手起家，有啥不乐意的呢？或许是财运旺盛，抑或他俩做生意确实

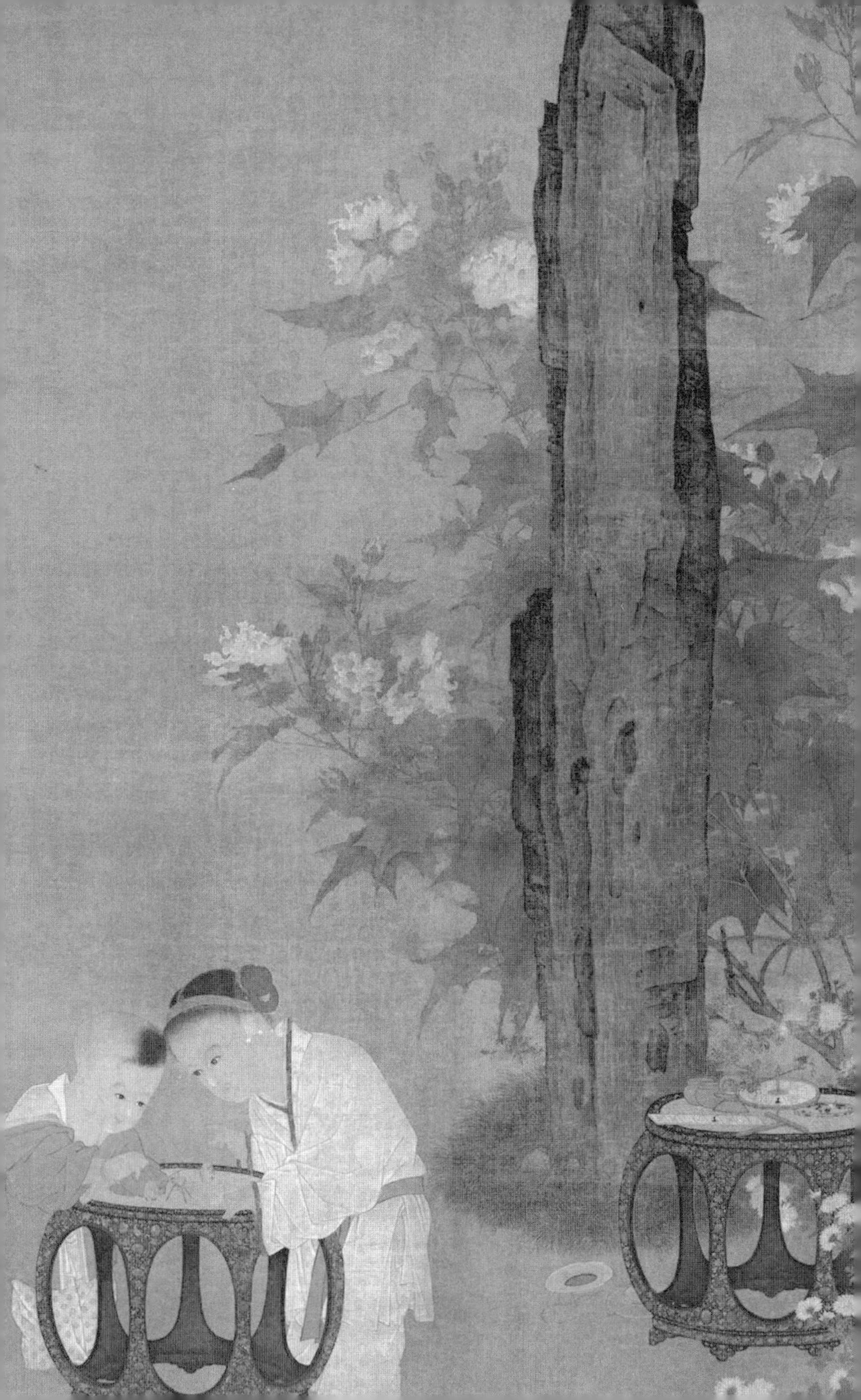

有"两把刷子",生意越做越大。到了他们的第三代、第四代手上,盖诺公司已成为法国最大的面包供应商之一。尽管如此,百年来,盖诺兄弟的后人没有一次忘记给多伦老爹的后人免费赠送面包或点心。曾经有无数人提醒他们:按现行法律,这个协议早该作废了!可盖诺兄弟的后代憨直地笑笑:"我们继承的不单是面包作坊,更是祖辈一诺千金的信誉和饮水思源的情怀。"近年,一家国际大财团听说还有这等奇事,感佩之余,决意巨资收购(一说是参股)盖诺公司。我想,这样盖诺公司不独是法兰西最大的面包供应商之一,怕是要成为横跨欧亚非拉的国际化面包供应商了吧?[25]

点评:生意合同总是有时效的,双方有钱可赚,自可续签,一方认为不合算,自然一拍两散。盖诺兄弟和多伦老爹的"合同",经过世纪的风风雨雨,早已成为一种精神传承。难怪大财团的董事们都感动得热泪盈眶——他们可不是轻易往外掏钱的主儿哟！

案例3：一个叫勃姆的小伙子在柏林一家五金店打工，做些零敲碎打的买卖。这天来了个大买主，买了整整一货车五金器材。等勃姆替他装完货，已到下班时间。顾客付款后，看了看渐黑的天气，不觉叹了口气。原来，顾客必须今晚将全部器材放入工地仓库，明天一早施工即用。可现在工人都已下班，如何是好？知道了其中的原委，勃姆爽快地说："没事儿，我帮你去卸货！"别说，路途是真够远的，几次因为路况不好，勃姆还下来帮助推车，但总算把器材安然放入仓库。

"真是太谢谢你啦！"买主递上一瓶可乐，顺便问道，"你是店里的老板？"勃姆笑呵呵地连忙摇头。

"那薪水一定很高！"顾客笃定地补充道。

"月薪五百马克，够啦！"勃姆一脸满足，言语中流露出对店老板给予他这份工作的感戴之情。我们设身处地想想，也合情理：估计没啥高学历和专业特长，能找到一份安稳的工作总还凑合。可那位买主不这么看——

"我是这家公司的工程经理，你来我这里吧，薪酬是你现在月薪的五倍！"那人动情地说道。

勃姆惜别了五金店的小老板，开始了新的打工生涯。他有句口头禅：别总嫌自己的报酬少，只要带着一份感恩之情多付出，你一定会有惊人的收获！不过，这已经是好多年后他成为这家公司——"利勃海尔"的总裁时，才发出的感慨。[26]

点评：托尔斯泰小说《安娜·卡列尼娜》里主人公有句话，令我印象很深，她说："人人都想吃冰激凌，可吃不到呢？一杯凉水也是挺好的。""利勃海尔"总裁安德列·勃姆先生的可贵之处，在于当他有能力养家糊口时，便对这份也许并不起眼的五金店工作表示了敬意，并抱着感恩的心态去尽力把它做好,这也是他被"利勃海尔"公司工程经理看中的根本缘由。我们还可以想象,当上大企业家的勃姆,一定会对那个五金店小老板关怀备至,只可惜没有这方面的进一步消息,啧啧。

他篇链接

职场篇:某位领导平时极其铁腕,但他还有另一面人们知之甚少,那就是一位感性决不输你我他的性情中人。他有位恩师,在他人生旅途的许多重要关口,都曾给予过他有益的指导,因此,师生感情甚笃。二十多年前,这位恩师不幸陷入诉讼和政治斗争的旋涡中,心力交瘁之下,患上心脏病。此时,已居高位的学生闻讯立即将其送往某国治疗。当然,这一切都是悄无声息的私人行为。为私谊而擅离职守,问题的严重性不言而喻,这位高官的一位元首级领导人获悉后,并没有发怒,而是陷入深深的思索之中:他判定此人是位知恩图报的人,于是毅然让他成了自己的接班人。[27]

技巧篇:北宋有个叫刘安世的人,心直口快,给人以缺少城府的"嫩仔"印象。按理,这样的性格混迹官场是件很犯忌的事儿,可就是这个"炮筒子"既有感恩的情怀,又具感恩的技艺,官儿不仅做得大、而且做得久。

仅举一例,他曾求教于司马光,算是其学生辈。后司马光因"变法"之争,赋闲在家,顿时"门前冷落车马稀"了。这当口儿,门生刘安世登门了,也没送啥给啥,就是聊聊天、请教请教学问而已。再后来,司马光重新拜相,家里那个车水马龙的景象就甭提了!奇怪的是,再也没出现刘同学的身影。不久,皇上一道重用的圣旨突降"刘大炮"身上,同时,司马光召见了这位弟子,问道:"你知道自己为什么被重用吗?"刘脱口而出:"我们是师生嘛!"仍是一副稚嫩的模样。司马老师大不以为然："非也，当年我在朝为相，朋友何其多？怎么赋闲回家就都没踪影了？好啦，不说这些，你收拾一下快上任去吧！"很可惜，时隔千年，我们实在无法猜度刘安世当时是一副什么样的表情！[28]

逆袭篇："逆袭"显然是个褒义词，一般指化险为夷或由落魄而华丽转身。这次我们转换角度，来个反向"逆袭"，就是由一路顺当转为寸步难行。某上将军前半生一帆风顺，上峰对他信任有加，故他一直身居要职。后在遇战争时，他的恩师顺应大势，多次劝说他战场起义，他不响应倒也罢了，几度思量，最后竟然把恩师出卖了，导致恩师被杀。对此，朝野一片哗然，"卖师求荣"的指摘纷至沓来，众怒难犯，于是他便被"开缺"，回家赋闲。他的妻子蔑视丈夫这种小人行为，毅然带着孩子出走国外，昔日名将落得个众叛亲离的结局，很快病魔缠身,仅五十出头便客死他乡。

不过,近年来披露的史料表明,出卖恩师时,这位司令长官是有条件的,就是恳求上峰留恩师一条性命,且恩师被杀当晚,该将领通宵不眠,说明无论何人,在与"恩情"割舍时,内心都曾有过冲突和挣扎。[29]

现身说法:我堂哥读书不多,但用得灵活;实践很少,而著书很神——也就是长于在人与事的碰撞中,很快提炼出带有规律性的东西来。他跟我透露过一个"小伎俩":首次托领导帮忙办事儿,最忌讳难事、大事,这样不仅易被拒绝,而且以后注定也没戏了。因为头儿们心里有数:你上次托我帮忙被拒,肯定纠结,算喽,不交往也罢!瞧,事没办倒先得罪关键人物了。

我听得云里雾里,疑惑地问:"依兄台所见,领导朋友是不能交了?哎,难道为小事麻烦他们啊?小事一般人也能解决呀!"

"招儿啊!"堂兄一拍大腿,"要想长久地跟头头脑脑关系搞铁，起初就是要用一些小事、容易的事去托付，人家毫不为难，一句话就给办了。这以后，你要常常念叨人家的好处，以一种感恩的真情去交往，头儿一看，嗨！这后生倒是个知好歹的人嘛！慢慢关系就贴近了，交情越来越深，帮忙的分量也会越来越重嘛……"

　　我一时听得失了神，不由得想起两件往事：一个是在科技系统工作的叫王淑宁的朋友曾说过，你堂哥"小脑袋瓜儿里全是智慧"。还有一次，堂哥带队到台湾，抽空去佛光山礼佛。听说江都老家来客，星云大师特意派一位资深弟子接待，前后也就一小时工夫。临别时，言辞不多的女师父感慨地对大伙儿说："你们团长很有慧根啊！"此言不虚啊！用脚后跟想想也是这么个理：谁不喜欢跟知恩图报的人交朋友呢？

第六式　天意怜幽草

"天意怜幽草"出自李商隐《晚晴》一诗，意即老天爷都怜惜在风中颤巍巍摇曳的幽草。它引申出在日常生活中，一些低调的、善于示弱的人，往往能够得到人们的同情和帮助，或者是让别人对其不设防，进而让弱者逐渐积累起强悍的翻盘资本。

同义词： 哀兵必胜　柔弱胜刚强　以退为进

案例1：《红楼梦》里的荣国府俨然一个小王国，有"元首"贾母、"宰相"贾政，"太子"宝玉，而王熙凤无疑是掌管财经大权的"户部尚书"。这里头，未来"太子妃"的角色十分诱人，只要嫁给宝玉，那取代凤姐、掌握权柄、至尊显达只是时间问题了，因为贾母最疼爱的就是宝玉。宝钗自然想当这宝二奶奶，但她面临两大难题：一是宝玉心太活，四处留情，金陵十二钗正册、副册和又副册中，他没少让人"蒙错爱"，宝钗很难征服他的心；二是"天上掉下个林妹妹"，论才情、长相不在她之下，论与贾家亲戚的远近程度还胜她一筹——贾母的嫡亲外孙女！更糟糕的是，黛玉与宝玉志趣相投、情投意合。宝钗掂量了一下，决意不与黛玉正面交锋，只要取得贾母欢心，一切都迎刃而解。

她采取"弱势迎心"的策略：穿着半新不旧的一袭棉袄，金银玉器佩饰不见一件，房间一应玩器全无，闲时飞针走线做女红，连贾母看了都不过意，要为她添置物件。行事上，她不张扬、不逞能、不建言、不得罪，"不干己事不开口，一问摇头三不知"，贾母出谜面，她一下子就猜中，嘴上却羞愧地说"难猜"，显得憨实，丝毫无"珍珠如土金如铁"大家闺秀的才情和风范，却尽显勤俭、质朴的民女做派。贾母老道，早已知晓贾府财力外强中干，用王熙凤的话说是"空架子""大有大的难处"，如选中宝钗做接班人，对贾家的持盈保泰、长治久安无疑是个保证。最终，贾母以宝姑娘"性格难得好"为借口，让宝玉明媒正娶，她成了贾家儿媳妇。[30]

点评：对元春省亲、建造大观园已掏空了财力而奢靡之风不减的荣国府而言，没有比选一个勤俭务实的儿（孙）媳妇更重要的了！我笃信：圈定宝姑娘决非掌舵人史太君的"一言九鼎"，极可能是贾政、王夫人、王熙凤，甚至回家探亲的元春等贾府"高层"达成的共识。可悲那会儿，宝黛二人亦嗔亦喜的爱情游戏玩得正欢，孰不知"赢了战术，输了战役"的结局早已在恭候着他们。

案例2：唐朝有个叫崔郊的小青年与姑母家的一美艳婢女相爱，不想姑母却把此女子卖给了州刺史于大官人。这老于既是个贪官，更是个豪强，这回一介寒儒崔郊是彻底"歇菜"了，只能跟几个酸秀才倒倒失恋的苦水，好在还能借助诗歌的方式宣泄："公子王孙逐后尘，绿珠垂泪滴罗巾，侯门一入深如海，从此萧郎是路人。"悲怆可悯的情绪溢于言表。

谁料想，小范围伤情的四句小诗，居然传入了于刺史的耳朵，这于大官人会敛财、好逞强不假，但也有诗才、讲义气。他反反复复掂量着这首小诗，怜悯之心不觉占了上风：跟个白衣秀才争婢女，传扬出去，于我老于脸面……罢、罢，老汉不吃这棵嫩草了！于是，他把崔郊喊来，说："这诗是你写的？嗯，你咋不早说?!"于是，他把婢女送还小崔，临了还送上一笔嫁妆，把个小崔乐得笑歪了嘴。小崔的好运还没完，因这首言为心声的小诗，他赫然戴上唐朝名诗人的桂冠，千古流芳。[31]

点评：世间有两种人比较有意思：一是欺弱怕强，专拣软柿子捏的人。对这样的人，你伤心到肝肠欲裂也得不到他的同情和让步；另一种人是遇强则强，这是真强悍、大强悍。他的长处在于，对明显不是一个重量级的对手，也能遇弱则弱，往往灵魂深处爆发出"慈悲"，放你一马！这于刺史当属后者。所以，哀兵必胜也要遭遇"适销对路"的人，切不可一概而论。

案例3：辽是个北方部落民族。在辽太祖之前没有世袭皇位之说，"一把手"都是由酋长们公推公选。辽太祖一死，觊觎大位的臣子们立即跃跃欲试，眼见得大辽政权将分崩离析。皇后述律平只得硬着头皮走上前台，面对满朝权臣悍将，她作哽咽状："太祖在世时，就效法中原实行皇位世袭……"

话还没说完，一个姓赵的大臣就粗鲁地打

断她的话,强调游牧民族自有章程,无须仿效他人。皇后喃喃回击:"那……按我们的规矩,你们这些亲近大臣该给太祖陪葬呢!"这下可捅了马蜂窝,大臣一齐嚷嚷:"你是太祖最亲近的女人,你先带个头吧!"皇后怔住了,正"哀家、哀家"不知怎么回答时,眼光落在了一旁近侍佩戴的解腕尖刀上,心一横,紧咬朱唇道:"太祖子嗣幼小,离不开娘亲,太祖在世时最怜爱哀家这只白臂膊,今天便让它先陪伴太祖于九泉吧!"话音甫落,她就飞快地抽出尖刀,猛地砍向自己的另一只胳膊,顿时鲜血四溅,惨不忍睹,众大臣张大个嘴,全都愣住了……

后来,她临朝称制,儿子顺利登基,是为辽太宗。[32]

点评:这种自残的苦肉计一向难登大雅之堂,更遑论书入丹青。可圈可点的是,辽皇后的这一举动是她的机变,是她自己在把话柄丢给对手,已无法脱身的情状下采取的一种"丢卒保车"之策，套用现在的话唤作"用局部换取全局"，这就是哀兵必胜变幻为"哀家必胜"的内在因素。情商韬略历来不主张通过自残换取他人的怜悯，但"舍得全得、放小抓大、丢芝麻拾西瓜"的理念在某些层面却具有积极意义。前文所述，薛宝钗作为姑娘家，哪能不爱美？可她愣是不傅粉施朱，不穿金戴玉，这难道不也是一种损失吗？

他篇链接

职场篇： 在欧洲有个叫帕帕韦斯特雷的小岛，岛小人少，总共十多个孩子。他们的入学全靠慈善机构雇请轮船公司，每天接送到另一座学校齐备的岛城去读书。后来，因慈善机构无力资助，轮船公司随即停航，孩子们一朝之间失学了。这事儿不知怎么被洛根航空公司知道了，他们对孩子们的境况非常同情。高管亲临小岛考察，规划出一条也许是世界上最短的航线，从起飞到降落仅一分多钟。岛上的孩子们欢呼雀跃，可怜的洛根公司却因成本高昂而月月往里面砸钱，运营状况几成风雨飘摇之势。奇妙的是，半年多后该公司急公好义的"超短航"之举赢得了欧亚大陆人们的广泛同情和赞赏，客源大幅飙升，业绩扶摇直上。再回顾那"分把分钟"航线，也就是"分把分钱"的成本而已。[33]

逆袭篇：这是个大家也许都听说过的故事：古时候一位年纪轻、模样俊的寡妇想再嫁，族里人听说，连呼"这还得了！"在女子"从一而终"价值观盛行的年代，慢说改嫁难，就是独守空房思思春也是大逆不道的，严重点还会把你"沉塘"。这个族长尚属文明，不主张动用"私刑"，而是喊几个后生牵着她到县衙让大老爷法办。县太爷看着面容憔悴、泪眼婆娑的俏寡妇，深深地叹息道："本官也不治你罪，你自认命苦，回夫家安安稳稳地打发日子吧！"

寡妇申诉道："老父台容禀，民女有难，非改嫁不可！"说着，抹了把鼻涕，抽抽泣泣地呈上状子。

"哦？你还识文断字？"知县颇感诧异，拿过状子一看，就十二个字："公壮叔大，瓜田李下，当嫁不嫁？"父母官看了心里敞亮了：老公公正值壮年，小叔子也长成小伙，与一个年轻俏寡妇在一个门楼子里生活，以后假如闹出啥风言风语，受罪的还不是这个小女子？于是，同情心油然而升，当即大笔一挥：准嫁！[34]

现身说法：一次，跟堂哥闲聊说到"成就感"这个话题。他说，如果以为只有在事业、爱情、权势、名声、财富上小有建树的人才有资格谈成就感那就太荒唐了，其实越是弱势群体，对成就感的追求越迫切，当然也最容易得到。

"哦？"堂哥的想法总是别具一格，我一双

小眼睛瞪得溜圆,盼他往下说。

他呷了一口茶,叹息了一下:"都说人们有好为人师的毛病,其实骨子里也都有好为人恩的特性。"他说了个中学同学间的"八卦":有个同学,人送外号"赖和尚",啥都不能干,四十出头就下岗了。一天偶尔碰到另一位同学"光鸡"——明白吧?为人处事小气得一毛不拔。"赖和尚"问"光鸡"现在在干嘛,"光鸡"告诉他在一家高档小区当保安队长。

"忙哦,小区现在治安、卫生、水电施工都由我统一管理。"讲到"统一管理"时,"光鸡"还挺了挺胸,"手下好歹还管着十来号人呢!"

"赖和尚"眼睛一亮,忙诉说自己待在家里没事干,还老受老婆的奚落,可怜巴巴地央求"光鸡":"你混得那么好,还能帮帮老同学,让我去你手下混混?""光鸡"一愣,自知失言。"赖和尚"又哭诉道:"你知道,从小到大我都受人欺负,要是现在能由你罩着,我还怕什么呢？下半生全靠老同学你啦!"说着还连连作揖。

"哦,这个嘛——"不知怎么,"光鸡"忽然豪情万丈,一拍胸脯,"闲话一句,你等我电话!"他拍了拍"赖和尚"肩膀,一副信誓旦旦的样儿。嘿,别说,一星期后果然"光鸡"通知"赖和尚"去上班了!"光鸡"一再强调:"你大胆工作,有什么为难的来找我!"再后来,又不知怎么传出来的,为了"赖和尚"当保安,"光鸡"破例"放血",请他们物业老总喝了顿酒,还送上两条软苏烟,这可是大姑娘上轿——头一回啊!

"看看!"堂哥总结道,"成就感里其实有一个很重要的组成部分,那就是能替别人作主的自豪感!"

第七式　犹抱琵琶

白居易的《琵琶行》连小学生都背得滚瓜烂熟，其中有一句："千呼万唤始出来，犹抱琵琶半遮面。"其实，"犹抱琵琶"还是人们交际活动中的攻防策略，它不是直白表达和直率行事，好似罩着一层面纱，让人思而得之而又能转圜回旋，进退有度，让倾听者十分受用。

同义词：睹影知竿　含而不露　思而得之　婉转曲折

案例1：咱们还是拿《红楼梦》说事，实在是因为里面的人物说话太高明，无出其右！第三十九回尽显刘姥姥"犹抱琵琶半遮面"的说话的高超技艺。她是贾家一个八杆子打不着的"亲戚",要求得资助,必须哄得贾府阖家大小欢心才行。当平儿说到吃一顿螃蟹花了二十多两银子时,她一句名言脱口而出:"这一顿的钱够我们庄户人家过一年的了!"这看似闲话一句,实则含义深蕴,首先她恭维了贾家生活的奢华阔绰、富可敌国,其次还暗喻出:你平儿在这样的官宦人家当管事大丫头,可真是福气,"宰相家人七品官",你的地位高着呢!平儿听懂了吗?以她的聪明伶俐,心里明镜儿似的,随即成为贾府中对刘姥姥最好的下人。刘姥姥回家时,除了贾母、凤姐等人送东西外,平儿自己还单独备了礼物,并对姥姥说出这样一句让读者都觉得不可思议的知心话:"咱们都是知己,我才这样。"然后催姥姥早点去休息,她来帮忙收拾包裹,这与只顾拿姥姥寻开心的鸳鸯等同级别的大丫头形成了鲜明的对比。[35]

点评:《艺概》作者刘熙载有句名言:正面不写写旁面。写作如此,说话亦然。以刘姥姥这样出身卑微的山野老妪，如果正面夸奖深受凤姐夫妇宠爱、能当他们半个家的平姑娘，只怕会引起对方的反感，姥姥清楚认识到这一点，她才绕个弯子，旁敲侧击，从而尽收"说者无心，听者有意"之功效。

细读"红楼"，发现刘姥姥这一手玩得非常麻溜儿，可以说信手拈来。比如，跟贾母逛到林黛玉的潇湘馆，看见满屋叠放着齐整的书籍，文房四宝赫然在目，立即"哎呀呀"惊呼，这一定是哪位公子哥儿的书房、雅斋。其实，以她的老道哪怕丁点儿蛛丝马迹就能判定这是闺房，可她偏偏说是公子哥儿的书斋，意欲何为？侧面夸奖贾母怜爱的亲外孙女是才女呢！怪道贾母那么开心，临走愣是赏她百两白花花的细丝纹银，那会儿银两是啥概念？清朝一个七品文官年俸是45两银子，刘姥姥这进一趟贾府，光赏钱就是七品官员两年多的俸禄！

案例2：无独有偶，《金瓶梅》里帮闲的代表人物应伯爵，西门庆对他极为赏识，称赞他办事"十分停当"。我想，"办事停当"还在其次，关键是他的情商与"刘姥姥"有的一拼，说话每每能搔到西门大官人的痒处。他帮小兄弟常时节说情，让西门庆送他点碎银子以渡生活难关，自然一说就成。伯爵立马玩起了"犹抱琵琶"的游戏，像是自言自语：古人乐善好施的，其后人多繁茂发达，而紧捂钱袋子的吝啬之人，大多富不过三代……这当儿西门庆刚喜得"贵子"官哥不久，自己也升了个理刑副千户的官职，印子铺、缎子铺等五大店铺生意兴隆，听了这话如醍醐灌顶，心里那个舒坦劲儿甭提了。应二爷这一手，还奠定了"长期效应"，西门大哥此后不断沿着这套"理论"大把撒钱，供这帮"兄弟"吃喝玩耍，养家糊口。[36]

点评：恭维效应的强弱，一是要应机当景。应伯爵在这当口儿说这番话，时机拿捏得恰到好处；二是要因人施策。西门庆是个大大的强者，智商情商都无可挑剔，是个惯驶顺风船的高人，这在他游走官场、追逐女人和扩展生意方面表现得淋漓尽致。如对这种人直白吹捧，必将显得造次浅薄，容易引发对方的不快，而兜个圈子，若有似无地一番自我感慨，引发的却是西门庆的悟性和联想。啧啧，简直是高手对决，应二爷又似略胜一筹。

案例 3：墨子很有学问却又是个率性的人，比方说心情好时，教导学生循循善诱，十分包容；遇上他心情欠佳，对学生们批评起来也是毫不留情。一天，有个学生被墨子连批带骂，无地自容。学生终于忍不住，回嘴道："先生，我平素安分守己、一心向学，今日也仅有小过，值得您发这么大的火痛骂吗？"

墨子一愣，想了想，是这码子事，咋整呢？师道尊严，他是不会认错的。智者就是智者，他清了清嗓门问被骂的学生："我想问你一个问题,我要到太行山上去,手里有一只鞭子,我是用它来鞭马呢,还是鞭牛啊?"被骂的学生答道:"当然鞭马了,马儿跑得快!"回答完,他就懂得老师的深意了:正因为你是一匹良驹,才值得我鞭策啊!嘿,别说,这小子以后学习更带劲儿了,青史中留有大名——耕柱子。[37]

点评:墨子没有回答学生的抱怨,却又真真切切地回答了他的抱怨,再现"正面不写写旁面"的说话的高超艺术。我又想起了《红楼梦》,凤姐儿一见黛玉就惊叹"天人",说黛玉的"通身气派"让她这个无人可敌的"凤辣子"佩服得五体投地。她在恭维谁呢?非黛玉,而是黛玉的亲外婆贾母是也!隔着面纱、拐着弯子、迂回曲折而不离其宗,显然比直言吹捧更让对方受用。这不,老祖宗健在一天,凤姐"当家二奶奶"的宝座就是铁打的。

◉他 篇 链 接

逆袭篇：清朝年间，广东沿海有一股悍匪势力终于被总督大人招安。匪首香姑和保仔是打打杀杀中走到一起的一对恋人。招降得有个仪式，匪首须当众跪下接受朝廷命官的赦免文书。保仔血气方刚，坚决不肯下跪，这事就耽搁下来了，可报捷的奏折早已送达京都，这该如何是好？还是绍兴师爷有办法，他说，香姑、保仔既已归顺，就可堂堂正正结婚，过安生日子。如总督大人肯做证婚人，就给足了面子。按习俗他们就必须跪拜证婚人，到时再把红包、赦书一并给了。两方既不点破，也就无伤面子，又合了朝廷规制，一举多得。总督一听大喜，于是这事就这样妥妥地解决了。[38]

技巧篇："犹抱琵琶"不独表现在说话艺术上，有时用于动作同样展示其超凡的功用和艺术感染力。有一天晚上，楚庄王大宴群臣，大家伙正喝在兴头上，忽然一阵穿堂风，把君臣餐桌上的油灯都吹灭了。这时，一个喝高了的臣子趁黑摸了庄王美姬一把，不料却被她顺手把帽顶上的带子扯了下来。美姬悄悄对庄王说："刚刚有人渎犯我，好在我趁势把他帽带扯下来了，你让仆从点上灯，把那个没了帽带的狂徒揪出斩首。"庄王一听，呵呵一笑，大声道："诸位，酒酣耳热，不如咱们都把帽子、披肩全摘下，凉快凉快，再豪饮几杯，何如？"

众臣一致应和道："谨遵大王吩咐！"于是都摘帽宽衣，庄王这才慢悠悠地让侍臣点上灯火，自然也就放过了那个色胆包天的僚属。后来，楚国大军出征，有个人表现异常勇猛，屡建奇功，庄王大喜，亲自迎接其凯旋。那人一见大王，纳头便拜，一再感谢大王当初"遮羞"的恩德。庄王一愣，很快记起那次晚宴宠姬受辱的一幕，于是又呵呵一笑，大度地说："酒后轻狂，人之常情，寡人也不例外，将军何过之有啊？"说罢连忙拉起了这位先锋大将军的双手。乖乖，到底是"春秋五霸"之一，不简单！[39]

现身说法：列位看官，莫嫌唠叨，说到会说话，还真不能不提俺那堂兄。一次，头儿带他参加有上级集团公司殷总出场的饭局。堂兄似乎很随意地抱怨："殷总当商店经理时，我当业务主办；当公司副总时，我当商店副经理；当老总时，我当经理；现在，殷总当集团董事长都好几年了，我还是商店经理！唉……"

一直端着的殷总听了这话，马上眼神发亮，降尊纡贵地频频跟堂兄喝酒，还大气地说："小欢，别灰心，你也挺能干的嘛，继续努力，我们也会替你多敲边鼓的！"一旁的公司头儿不住点头称是。

精绝啊！既得体地称赞了殷总升职快，又毫无拍马溜须之嫌，堪称艺术。我坚信堂兄非阿谀奉承之辈，他之所以这样说，完全是为了活跃饭局气氛,不过殷总不时扔过来的几包香烟倒是扎扎实实的甜头。也许这招"犹抱琵琶"给我的印象委实太深,后来还把这事儿写进散文里去了哩。

第八式　霜叶红于

杜牧诗云："停车坐爱枫林晚，霜叶红于二月花。"秋天的枫叶是不是就比春天的花卉绚丽？不尽然，不过人际交往上，"霜叶红于"绝对是一道杀伤力强劲的"神符"。

同义词：徐娘半老　风韵犹存　雏凤清于老凤声（看似反义，其实与"霜叶红于二月花"是一个事物的两种提法）

案例 1：春秋时，陈国有个叫夏姬的女人，美艳不可方物，自然成了国君、权臣竞相追扑的对象，连一度大名鼎鼎的楚庄王也心旌摇荡，试图染指。夏姬呢，在夫丧子亡、自己被强悍的男人抛来掷去中已心如死灰，苟活而已。有个姓巫的男人早就对夏姬垂涎三尺，显然他没有力量与君臣们角逐，于是他选择了等待，选择了"最浪漫的事"就是"和你一起慢慢变老"。终于，逮着一次与夏姬相遇的机会，他清脆地吐出四个字："归，当聘汝！"古汉语这几个字内涵多了去了：跟我走吧！你的风韵、你的女人味比当年更为馨香成熟，我想把你敲锣打鼓、明媒正娶地带回家当"尊夫人"啊！

夏姬一怔：在人到中年、自己对自己都没信心的当口儿，还有男人洞悉自己美丽的特质，愿将自己娶为新妇！天呢！她的心仿佛要冲出来，年轻的血液在全身涌动，于是她毅然离开豪门跟姓巫的私奔了——他俩或男耕女织或锦衣玉食，总之过得很幸福。从此，朝堂上、江湖中、丹青里再也没有关于夏美人的传说了。[40]

点评：所谓敲锣打鼓、明媒正娶只是一种感觉表达和语言攻势，而夏姬心里透亮，两人相爱只有"华山一条道"：将私奔进行到底。纵观古今，对年轻美女的赞颂，她们会理所当然地笑纳，似乎世上的男人都欠她们一个恭维；对已不再年轻的女人，还是"霜叶红于"令人陶醉哟！

案例2：二战中后期，德军在战场上已现颓势。一位纳粹军官不知是出于"多个朋友多条路"的自保意识，还是情感使然，居然跟时装大师香奈尔女士相爱并移居瑞士。法国光复后，这事儿还是被情报部门追究，并对香奈尔展开调查。当调查员不解地嘀咕："以你这样的声誉，干吗和法西斯军官……"香奈尔坦荡地回答："设身处地想想，像我这个已不再年轻的女人，还有男人欣赏和爱慕，我会管他是什么身份吗？"也许正是因为她的坦诚，她毫发无损地又重回法国再创时尚帝国的辉煌，并以88岁高龄得以善终。[41]

点评：我不了解德国军官追求香奈尔的语言特色和相关细节，但香奈尔的心态证明了

"霜叶红于二月花"是"不再年轻的女人"普遍认同的情怀。纵使像她这样与二战"三巨头"之一的丘吉尔首相都过从甚密的,高贵、富有而美丽的世界级名女人也不能免俗。看来,霜叶在任何国度都是"通红通红"的。

案例3:马小飞是个实诚的蓝领,靠着不怕辛苦的韧劲儿跑出租,和老婆、孩子、老母一家四口倒也衣食无忧。也是该遇上事!一天,他在1912厚园参加饭局,十多人一张的大席面齐刷刷坐了近一半女性,年纪大小各异,长相参差不齐。酒酣耳热之际,男士们纷纷追捧那些靓丽的小妞。马师傅看到其中一位四十多岁的女人相对"落单",有点于心不忍,于是端起杯子过去寒暄,聊聊淡话。想想看,这个出租车司机的"嘴码子"还了得?夸奖她"内涵天成,静如百合","在这个普遍有点浮躁的茫茫人海中,你是那样卓尔不群"云云,现在看来完全是低层次的老套路,但"夸者无心,听者受用",

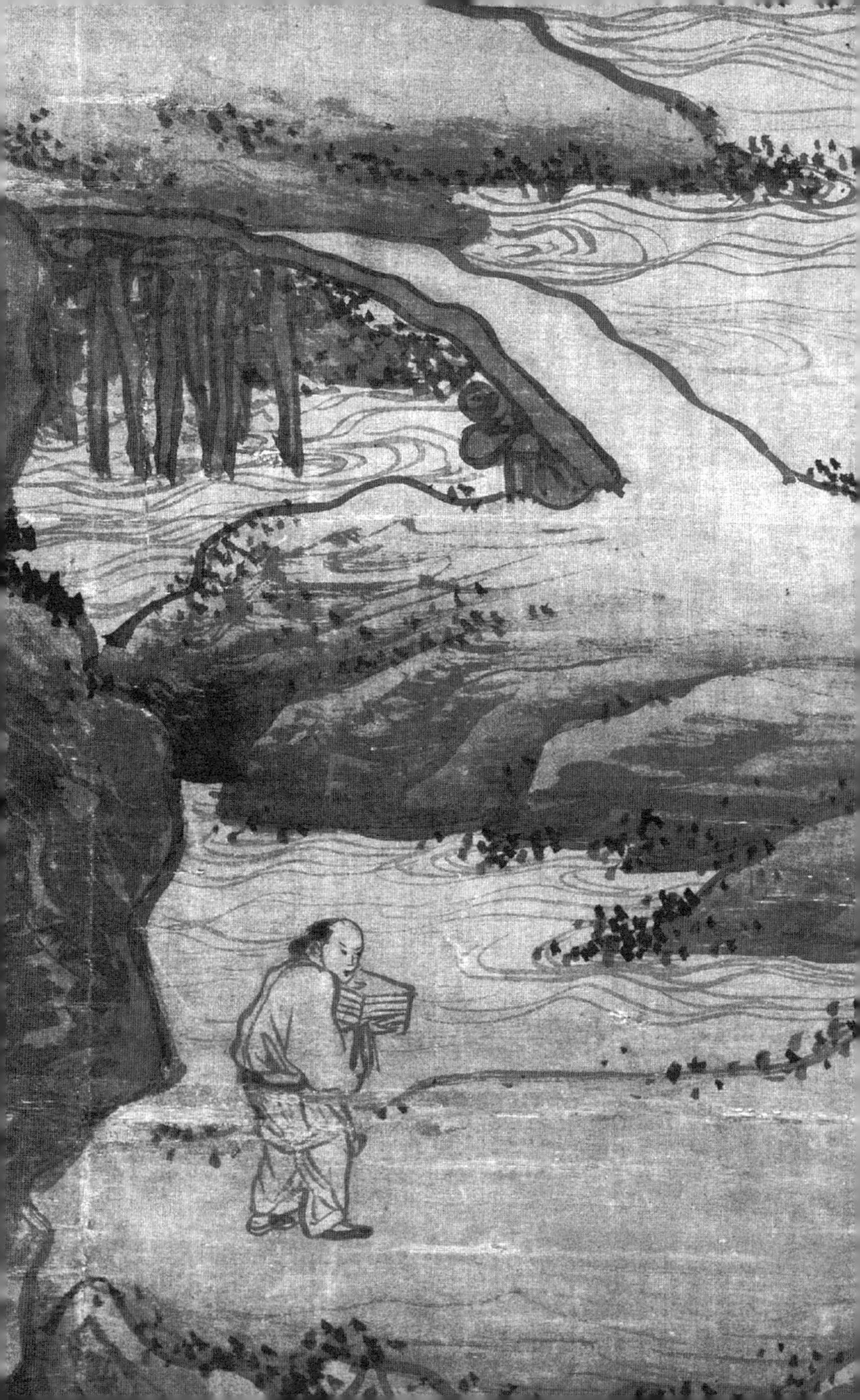

他们互留了联系方式，以后居然成为了好朋友。那女子是个中产阶层，做有机蔬菜生意，她说跑出租太辛苦，建议老马开个汽车修理行，她公司和她业务单位的车辆可拉一部分过来维修和保养。老马一听，喜上眉梢，没多久就在南京蒋王庙附近一家旧厂房里整出一个汽修行。汽修行生意不错，老马还按揭买起了河西新房。朋友们都说他最近财运"旺得很"，马老板脸上洋溢着自得的笑容，拿出手机悄悄显摆给几个最铁的哥们儿看，原来是那位女士发给他的信息中有一句："人生得一知己是为幸，小女子夫复何求？！"

点评："若非认识"马哥哥"，这事儿是再平淡不过的朋友往来；若非写这本书，这事儿也不值得去提炼。马仁兄"一跤跌进青云里"，全在于车上放几本烂书，等客闲暇时翻翻，掌握了几句华丽的词藻，这会儿又意外碰上一个他能"读懂"的中年女人，从而被对方引为知音。

政客晓得"形势比人强",贾人懂得"商路比钱强",这一点,马老板够聪明。

他篇链接

逆袭篇: 有个大学生为赶晚自习,骑个单车飞也似的在校园穿梭,还不时走"S"画"8"字。骑到一个转弯路口时,他差点撞上一位女教师,人虽没伤着,教师手中拎着的饭菜盒却凌空抛起,菜汁溅脏了她的华装。她杏眼圆睁:"你……你你……"小伙子自知闯祸,情急生智,忙不迭地打招呼:"学妹,对不起!我急着上课,不好意思了,学妹!"

"啥,学妹?"年过不惑的女教师立马没了气焰,下意识地理了下额前的一绺头发,私下寻思:难怪朋友和同事们都说我跟女儿站一块儿像姐妹呢……想到这里,她不禁"扑哧"一声笑了,男孩见状"哧溜"一下蹬车溜之大吉。

诚然，这或许更像是一个段子，端的情理之中。[42]

技巧篇：一位剧院老板伤透了神：最近陆续邀请到由大牌演员阵容组成的好剧目，却因演出时众多女士戴高耸的华饰帽子而挡住后排观众的视线，引起纠纷不断。怎么办？

一天，老板跟一位当心理医生的朋友喝威士忌时，大倒苦水，抱怨引进了好戏却没挣到"一份好钱"。医生一听，哈哈大笑，说："这太好办了，请附耳过来。"如此这般，老板大喜。当天晚上开演前，老板走上戏台，扯着喉咙大声说："各位，除了年岁大的女士可以戴帽子保暖，其他小姐、太太们请摘下帽子看戏。"话音甫落，全场"哗"地一下，所有女人都齐刷刷把帽子给除掉了。老板昂然走下戏台，昏暗的灯光下没人觉察到他嘴角流露出的一丝狡黠的笑……这故事固然幽默，却折射出一条永恒的铁律：鲜有女人肯向年龄服输。[43]

现身说法：堂哥当年是文学青年，读读，思维宽泛些；写写，条理清晰点。他每每懊悔地跟我说，年轻时其实肚子里的货已足够"开疆掠土"，可惜羞于辞令，枉费了大好时光。

我疑惑："啥叫开疆掠土？"

他猛击了我一掌："真笨！年轻人追逐的不就是好营生（职业）、好爱情？"

我笑了："最好再有孟玉楼的一份好钱！"

"啊，你读过《金瓶梅》？不跟你玩啦！"他一甩手，去月牙湖夏记土菜馆打牌吃饭去了。

其实，他不说我也清楚，每遇困难，他的朋友总会应运而生。那是1984年夏季吧，他和四川绵阳的滕林、上海的梁芝鹤（后调到江苏省交通厅编杂志了）去武汉参加改稿写作会。他们住在汉口江边一招待所。杂志社的初衷是让他们集中精力创作一批作品供选用。那会儿投稿仝靠用格子稿纸端正地一张张抄写，费工费时，堂哥能半天涂鸦一篇小小说，但誊写却花去一天多的时间。为赶进度，他须请人帮忙，于是瞄上了服务员晓玲。这妮子着实漂亮：鼻梁挺拔，眼波澄碧，肤色白皙，身子高挑而丰腴，嗓音清悦甜美，一副"雏凤清于老凤声"的光彩夺目的范儿。旅客的夸奖自然屡见不鲜，她也就一笑置之。堂兄不同，他沉着镇定地、清晰流畅地、条分缕析地把晓玲独特的美妙之处罗列出一二三四，玲姑娘大惊：咋从没听人提及，就连自己也不知道还有"嘎许多"优点？

趁其眼神迷离，堂兄加重语气说道："姑娘家能有一两个特色已很吸引人了，比方说一白盖三丑，而那么多的长处成系统地集于你晓玲姑娘一身，真是太难得了！哎，上天不公，造化弄人啊！"他还叹息了一下，作摇头不解状。自然，他俩成了朋友，没想到这"俊妞"写的一手娟秀字迹，一气帮他抄了十多篇稿件。武汉培训快结束时，玲姑娘当仁不让地成为向导，带堂兄到归元寺、晴川阁旧址等名胜古迹饱览了一番楚天风光。真是"好话一句三冬暖"哪！蹊跷的是，玲姑娘当年誊抄过的一篇《巫山云》散文旧稿，时隔三十年后还发上了《南京日报》，我想，那或许是堂哥对往事的一种追忆吧？

第三套　逆袭篇

第九式　假作真时

《红楼梦》第一回有对联云:"假作真时真亦假,无为有处有还无。"不消细说,这是心理博弈中的一着狠招,用得得当,每每能够化险为夷,力挽颓局。

同义词:以假乱真　以假当真　假戏真做　无中生有

案例 1:或许是清朝乾嘉年间的事,朝廷派一位监察御史去江淮某县查办贪赃枉法的胡姓知县。胡知县慌忙跟师爷商量对策,决定届时趁手下人服侍御史生活起居的机会,把他的官印偷了,当官丢印可是大罪,恐怕再没心思去查他老胡的案子了!事情沿着县太爷的设计进行着。御史某天打开印盒，发现大印不翼而飞，顿时冷汗直冒。他思前想后，认定是胡知县派人做了手脚，如当面去索要，老胡摆出正途贡生底子的县太爷架式，一赖了之，此事必将陷入僵局，于己大为不利。两榜进士出身的从五品御史也不是池中之物，凭办案多年的历练，很快想出一招妙棋。

那天，他按程序把胡知县请到行署过堂，还热情地端上一盖碗雀舌，与其在客厅轻松叙话。老胡看御史淡定、客套，心里小鼓直打，正惶惶不安时，御史书房突然浓烟弥漫，有人在喊"走水了"（失火）！御史一听，这还了得，一个箭步穿入书房，拿出印盒，匆匆跑出来，往胡大人怀里一揣，说："劳驾替本官把官印藏好，这可不是闹着玩的！"不等老胡反应过来，两位随从书办架着御史就跑，嘴里还一个劲儿嚷嚷："大人，这里危险，快走！"眨眼工夫，御史大人溜得无影无踪。胡知县疑惑地打开印盒一看，里面是块沉甸甸的石头，情知上当，也只好哑巴吃黄连，隔天乖乖地把官印送还。[44]

点评：御史对胡知县的心态可谓了然于心：第一，咱们谁也没点破过官印曾经丢失，你就不便推却保管，更不能认定我印盒里没印；第二，设若"有无之争"闹腾开来，朝野之间是我这个皇命在身的御史嘴大，还是你个负案待查的七品芝麻官嘴大？第三，体面地把印交出至少免除一条"偷盗上司印信"的大罪吧？

案例2：故事发生在宋代，这天，一位戍边大将正在牙帐里喝酒欢宴。突然，细作惊慌失措地来报，说有个偏佐校尉，带着一众哨人马放弃关隘投奔敌军去了。大将军内心"咯噔"一下，表面却呵呵一笑："哦，就这屁大点事何须如此慌张？"他端起一杯酒："小子，来，看你责任心蛮强，又跑得满脸汗，赏你一杯酒！"细作连连谢恩，跪下把酒喝了。大营里一干将官，看大将这般镇定，也就宽心地继续豪饮。翌日，大将军叫军需官秤出一包金银，让戍卒分送叛逃校尉等人的远近家人，还神情严肃地一再叮咛："悄悄送去，有声张者杀无赦！"没几天，大将军正"美人帐下犹歌舞"，又有细作来报，说叛逃校尉连同士兵全被敌军斩杀了！

"哦，有这等事？"大将军内心十分得意，表面依旧呵呵一笑，端起大樽，"来来来，酒照吃，酒照吃！"[45]

点评：校尉率队是真叛逃，大将军的镇定和补贴叛军家属成功达到借刀杀人的目的。想想，其一，那么多将官同时欢宴，回去自然会跟属下谈起大将军让校尉诈降的事，一传十，十传百，敌军细作哪能会不侦知？其二，故作神秘地让士卒分金叛军家人，其间也难免会有见财起意的士卒，干脆投奔敌营去揭露校尉"诈降"以讨得封赏；其三，或许以上两者兼而有之，总之，背主求荣的校尉注定劫数难逃。

案例3：如果说一个乡巴佬的孩子想娶一位贵族小姐当老婆，你们一定认为他"疯了"，这不是"癞蛤蟆想吃天鹅肉"吗？嘿，还真有这么一个人仅凭寥寥数语，就把这事儿给办了的！这人是个博士，或许为了自我测试一下情商高低，曾主动要替一个农夫的儿子说媒。起初，农夫也就一副无可无不可的淡然样子，博士说，对方可是伯爵的女儿。农夫浑浊的眼神为之一亮：真的？博士肯定地点点头。博士又找到伯爵，说替他女儿相中了男友，伯爵微微一笑，心想，有谁能配得上我伯爵的千金？博士说，这小伙子年纪轻轻就是一家跨国银行的副行长了！伯爵内心一震：这是个要求上进，前途未可限量的青年呢！博士老爷最后跑到银行董事长跟前，说要力荐一位年轻有为的人来担任他的副行长。董事长很诧异：目前本行并不缺高管啊！博士说，这小伙子是伯爵的女婿。哦？银行家张开嘴巴：天呢，伯爵先生可是赫赫有名的大人物呀！于是乎，农家子弟娶了伯爵的女儿，银行又多了位年轻的副行长。[46]

点评：这博士是否熟读"红楼"？不得而知，但这一出"假作真时"的戏法玩得十分完美。综观全局，当事人各得其所，博士没哄骗任何人，只不过说辞的次序做了精心布局，情商韬略之威力，可见一斑！

他篇链接

劝导篇：安禄山造反，攻陷都城，建立"大燕"政权。他久慕诗人王维的才名，硬拉他出来做官，以装点门面。王维哪想当这伪朝的"官儿"，便推脱身体欠佳予以婉拒。岂料安禄山本是胡人，蛮劲十足，你王诗人若敬酒不吃吃罚酒，把你大卸八块也未为不可。文人毕竟气弱，为保命，王维只得出山。

一天，"安皇帝"大宴群臣，戏子表演助

兴。也许喝高了,王维暗自垂泪,为排遣苦闷,私下作了一首小诗,其中有句:"百官何日再朝天?"流露出对大唐正朔的眷恋,但通篇诗句还算含蓄,所以他也悄悄给几个知己吟诵过。后来,郭令公成功平叛,"手提两京还天子",唐肃宗大举追究附逆之人。王维尽管一再申辩自己仅是迫于压力做戏而已,但任伪职白纸黑字,铁板钉钉,按律当杀无赦!正当牢头给诗人准备"最后的晚餐"时,几个听过王维吟诗的"王粉"们上书劝说皇帝,说在安禄山强权之下,王诗人还敢赋诗缅怀大唐,实属难能可贵。皇帝一听,立马刀下留人,重审王维。这回"一语惊醒梦中人",王维慷慨陈词,自我辩白,说当时伪天子强占"两京",每日"临朝",我天天得见,这"百官何日再朝天"不就是思念陛下您吗?万岁爷听完,一拍大腿,当即推翻强加于诗人头上的一切诬蔑不实之词,还官升一级,让他重回大唐官场。瞧瞧,若非"有诗为证"地成功劝解最高领导人，朝廷"假作真时"，势必误了王大诗人的"卿卿性命"。[47]

技巧篇：清朝一本闲书里记载了一则小故事，有个穷酸秀才，嗜酒如命而囊中羞涩。一天，好不容易有人请他喝酒，就兴冲冲赶去，一看做东的员外也是个小气巴拉的人，就像俺们年轻时常说的："四个人喝半斤酒，摆什么鸟阔气？"酒就这么多，平摊不过瘾呀，怎么办？秀才熟读"红楼"，顿时心生一计。他假托小解，跑到院子里用红纸包了一块小石头，悄悄找到服侍的小厮说："我不善饮酒，请你一会儿倒酒时，往我杯子里倒少点、浅点，有劳小哥了！"边说，边从衣袖深处摸出小红包，递给小仆："一点碎银子，权作谢意。"小仆喜出望外，满口答应。等开席后，小仆一脸愠色，每次替秀才斟酒总是满满的，显然，他是在发泄"以假当真"之恨呢，而秀才呢，倒是比旁人扎扎实实地多喝了几杯，好不快哉！[48]

现身说法：陶二妹家拆迁分房选择了一楼，她喜欢有个院落，精心种植了腊梅、月季、芍药和大丽花。春天满目艳丽，香气氤氲，可没多久隔壁邻居家养起一群鸡，整天"吱吱咕咕"倒也罢了，还常常穿过栅栏来啄食花草，庭院更是鸡粪满地，一片狼藉。二妹找邻居商谈多次，总是不欢而散。私下里，邻居还放风："就许你家种花，不许俺们养鸡？没这个道理！"把二妹气得不行。

一天，辅导她儿子写作的欢老师来访，看到这满目芳菲，马上诗兴大发，刚吟出一句：桃未芳菲杏未红，冲寒先喜笑东风……就被一片"飘逸"的鸡毛糊住了嘴巴。二妹难为情地赶忙递上漱口水和抽纸，并把邻居的所作所为告诉了老师。欢老师是个作家，灵魂工程师，眉头一皱，计上心来，便叫二妹附耳过来——

两天后，二妹买了一篮子鸡蛋叩开了邻居家门，粲然一笑："宝成大叔，今天打扫院子，发现草丛里、花瓣下，拐拐角角，有不少枚鸡蛋呢。我想，一准是您家鸡下的，瞧，有个蛋还热乎着呢，刚下的……"老汉起初一愣，很快接过篮子，忙不迭地称谢。没几天，栅栏的另一边，邻居又加固了一层密密的隔离网，那鸡，是绝对跑不过来的。二妹欢喜不已，这不，特地买了一瓶陈年加饭酒，在桂花树下置张小桌子，款待欢老师呢！

第十式　错错错

陆游有首挺知名的词《钗头凤·红酥手》，是写给表妹唐婉的，上阕最后一句是"错错错"。姑且不论此词的立意，但就"错错错"三个字，细加推敲，不失一味疗心良药，常可化危机于无形。

同义词：将错就错　歪打正着　走一步看一步　一不做二不休　一计不成又生一计

案例1：一对兄弟以制作陶瓷罐为生，生意一直半死不活。后来哥俩打听到哥伦比亚那边行情看涨，于是赶制了一批货，肩挑背扛，搭上海轮，经过一番颠沛流离，终于迈上了哥伦比亚码头。也许一路太过劳累，没走两步，弟弟一个趔趄，撞在哥哥身上，哥哥小腿一软，扑通一下，俩人全都摔倒在地，陶瓷罐都打破了，无一完好。兄弟俩伤心地痛哭了好一会儿，还是不忍心把破损的陶瓷罐扔掉，只得先找一家小客栈住下。连续几天，无事可做的哥俩在街上晃悠，发现行人穿戴都时兴用五颜六色的小方块布绢补缀成衣帽，兄弟俩来了灵感：莫非这里的人就喜欢"零碎美"？干脆，他们将错就错，把原来破损的陶瓷罐块全部打成各色小碎片，第二天跑到市场叫卖，说是当今世上最流行的墙壁装饰材料。别说，也就两三天的工夫，哥俩把陶瓷碎片卖个精光。售价比成品罐罐高多了，而且还有一大拨人跟他们订货，兄弟俩一口答应，屁颠屁颠地赶回去生产了，这，就是马赛克的由来！[49]

点评：但凡"走一步看一步"，这第一步不是错就是没把握，这哥俩带着易碎品长途跋涉本身就是错，所幸他们"看一步"看得很准，挠到了哥伦比亚人的痒处：碎片化的审美观。

案例 2：有一婆娘倚仗老公是当朝太师，也有机会常去宫里串串门，跟皇后嫔妃们唠唠嗑。一天，皇后抱怨说，往年能吃到的长江大鳗鱼，今年一条没见着。太师夫人心直口快："这有啥稀罕的？俺家水池里养着几十条呢！"皇后大惊，心里嘀咕：堂堂皇家御厨房都弄不到一条，你一个臣子家囤那么多美味？可能这婆姨也看出皇后脸上的愠色，回家后忙把原委告诉了太师。老太师跺脚道："臭婆娘，你这事错得离谱了！伴君如伴虎，一旦引起皇帝嫉恨，轻则罢官为民，重则——"老太师做了个抹脖子动作，把婆娘吓得就差尿裤子了。

太师毕竟是太师，眼珠一转，一个新的机变出现了："现在只能将错就错，你立马让下人买十多条黄鳝，亲自送进宫！"太师如此这般地说了一通，太师夫人依计行事，匆匆进宫，把所谓长江大鳗鱼呈献给皇后尝鲜。皇后一见，

第三套 逆袭篇

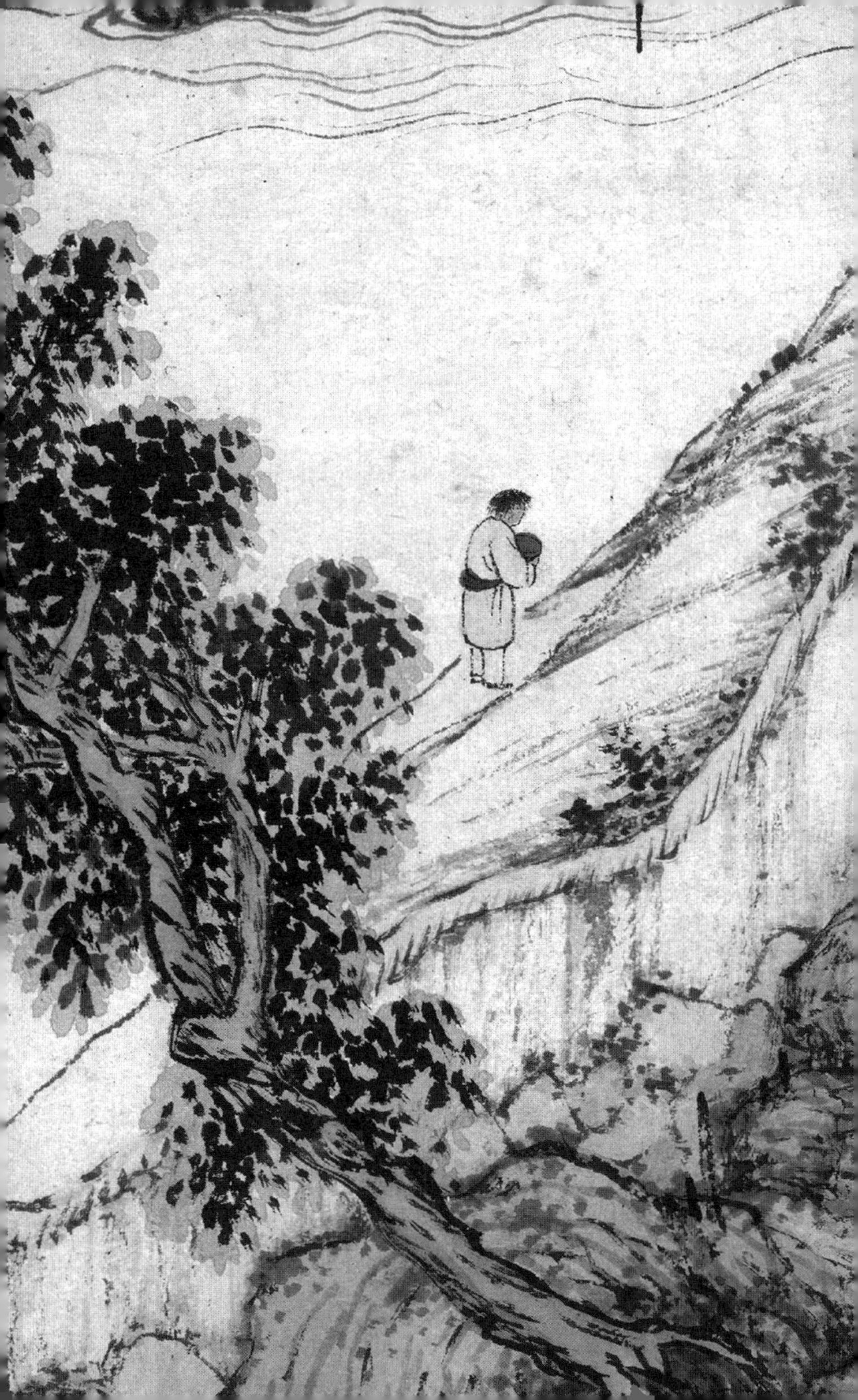

哈哈大笑："这哪是啥大鳗鱼？不就是泥鳅一般的鳝鱼吗？咱皇宫沟沟坎坎里多了去了！"私下好笑：到底是山野村妪，到哪见过长江大鳗鱼？心结随之而去。[50]

点评：数学里有"负负得正"一说，世间的事儿有时也是这样，以错纠错，错错得对，这太师虽生活奢侈，倒也不乏智慧。

案例3：早年香港有部电影《假婿乘龙》：野外踏青，吏部尚书家的吴公子调戏相国千金李小姐，薛书生路见不平，在打斗中，吴公子倒地触石而亡。胡知府迫于尚书夫人压力，拟将薛书生打入死牢。相府丫环春香为救书生，谎称他是相国女婿，这么一来，知府自然不敢妄动，一边好生款待，一边派出衙中班头进京求证此事。李小姐虽怪春香公堂认亲，犯下大错，但也不能不以错补错以救恩人：她先行进京，并设计改写班头手中相国给知府的信函，确认书生是相府女婿。知府见信大喜，亲自送书生进京与小姐完婚。春香思忖：既然一错再错，何不一错到底，置之死地而后生？于是，她在京中大肆散布相国嫁女信息，引得百官都来祝贺，甚至还捎来了皇上祝贺的御匾。面对木已成舟的庞大阵势，堂堂相国也只能假戏真做，认下了这个女婿。[51]

点评：大户人家小姐的贴身丫环总是聪慧的，就类似于当今办公室主任的角色，对老板先心迎意，"码"得实实的。春香洞悉小姐已然爱慕薛书生，因而才敢公堂认亲，拉开弥天大错的序幕。小姐半推半就地被她"绑上战车"，她又等于得到一张"免死牌"——无论是地方官还是宰相大人，总不至于拿小姐怎么样吧？有了这份胆气，春香的二错、三错才层见迭出，且设计精妙，最终把宰相装进彀中。从这一案例，我们可以得出"一不做二不休""错错错"招式的成功，先决条件是对"敌我友"三方心态了然于心，在此基础上才能形成胆气与布局的完美结合。

他篇链接

劝导篇：记得冯梦龙写的书中有则典故，说某人家院中有棵硕大的桂花树，枝头茂密，夏天可遮荫纳凉，秋季香气袭人，邻居或朋友都喜欢来他家小坐，品茗赏月，好不快哉！有一天，邻人突然发现主人拿把利斧，要砍那株桂花树，急问："却是为何？"主人深沉叹息了一下，说："近日测字，院中有树乃为'困'，怕日后家中困苦连连，所以必欲砍之而后安。"邻人一看主人那股顽固劲儿，知道文明劝说无益，遂拿起斧头，对准其房门、墙壁乱砍一通。主人惊叫："你干吗毁坏我房屋？"邻人说："房间住人乃'囚'也，我是怕你家人有牢狱之灾啊！"主人"弗能应也"，随即打消了砍树的念头。邻人以错纠错，诚高人也！[52]

技巧篇：《吉林青年报》上曾登过一个小故事，大意是有个人（姑且叫乔治吧）花钱在农户家里订购了一头驴,等到他去交割时,农户却说驴子病死了。乔治说,这好办,把钱退给我吧!农户说,钱已用光了,还不起!乔治心里"咯噔"一下,暗暗叫苦,晓得自己碰上无赖了。他深知,官司不是好打的,费时费力费钱,就是胜诉,怕是也要脱层皮。于是他将错就错,把死驴拖回家中。第二天,他在市口贴出广告,两块钱一张彩票,中奖者可得一头驴,很快便卖出几百张彩票。其中当然有一位获奖者,可得知奖品是死驴,中彩的人不干了,于是乔治很爽快地把彩票钱退还人家——就算假一罚十,也就退出区区二十块,而他的进账却是当初向农户订购支出的近十倍![53]

现身说法:我堂哥是"曾粉",对曾国藩的家书、小说、言论集等都翻得烂熟。他最佩服文正公对身边一位幕僚的评价:"李申夫阅历极深。若遇危难之际,与之深谈,渠尚能于恶风骇浪之中默识把舵之道,在司道中不可多得也。"堂哥的观点很明确，人的一生总是在大大小小的错误中度过的，如何能把错误的危害降至最小？手段高低，全看这个。

我没听说堂哥人生旅途中有啥"惊人之举"，但对些许错误的化解却屡有耳闻。一回是读高三时到青龙山学农，老师有天指派他打考勤，把那些出工迟到早退的同学都在花名册上打上勾，晚上开个年级大会，好好批一批，刹刹这股不正之风。堂哥当时也没细想，早早坐在田头，按老师叮嘱的，把一干违规的同学一一标记上了。吃午饭的时候，他蓦地发现排队打饭时，被人有意无意推过去、搡过来，个别同学路过他身旁，还狠狠瞪他一眼，就像阿Q和小D相对时那眼神：走着瞧！他一下恍然大悟：这些同学都是上午劳动迟到早退，被他记录在案的，而且他打考勤时就没很好地掩护自己，旁边时有同学路过和驻足，显然，有人把消息捅了出去。他懊悔不迭，觉得不该对老师的话执行得那么认真,以致惹起众怒。怎么办?眉头一皱,计上心来。

下午,他照常坐在田头,大大方方打考勤,有人午睡过头,哪怕只迟到分把分钟,他也打上一个重重的记号。向晚收工时,老师跟他要考勤簿,他一拍脑袋瓜:"糟了,还在田头!"他拔腿就跑去拿,一会儿耷拉着脑袋回来向老师认错:由于自己不小心,考勤本肯定被哪个农家小孩子捡回家练字去了,记得那会儿路过田头的有"赶羊的""拾粪的"和放学匆匆赶回的乡下娃子十几个呢!老师气得狠狠责怪他"做事太毛糙",说这样以后要误大事的呀!堂哥除了认错,还有啥法子呢?蹊跷的是,第二天清晨他出恭刚回宿舍,就有同学帮他把被子叠得整整齐齐。吃早饭时,帮厨的同学还悄悄多塞给他一个馒头,堂哥心里明镜儿似的:幸亏昨天把那考勤簿扔进了牛打江的浑浊泥潭里去喽!

第十一式　却道天凉好个秋

这是辛弃疾一首《丑奴儿》词里的最后一句，原意是说淡话，打哈哈，引申开来，就是另辟蹊径，问东答西，但意思明确，不失为情商韬略一式。

同义词：答非所问　顾左右而言他　驴唇不对马嘴

案例 1：房玄龄为相期间，有一天，唐太宗把他叫去，对他说："有位臣工能力超群，打算提拔他担任一个重要职务，房相国意下如何？"老房一听，那人品性不佳，位居要职只会耽误工作，于国于民有殃，可皇上金口玉言，哪容你否决？打个招呼是看得起你！老房眼珠一转,笑容可掬地连连点头,认真回禀道:"陛下,您说得太对了,那人一把浓密、粗黑的大胡子真是漂亮极啦!"太宗一愣,心想:我跟你探讨能者上的问题,你跟我扯什么大胡子……帝王的聪慧是毋庸置疑的。"那就放一放,以后再说吧。"李世民打了个哈欠,懒洋洋地进后宫"幸才人"去了。[54]

点评:一招"却道天凉好个秋"的小把戏,就让皇上用人大计成功逆转,那是因为君臣双方心知肚明,互不点破,以至于"抗旨不遵"、冒犯龙颜等负面效应,统统都跑到爪哇国去了。

案例2:记得读过一篇短文,大意是有位叫帅克的小伙子,不知是天资愚钝呢,还是不善言辞,反正在公司里业绩欠佳。这天,他旅行坐飞机时突遇歹徒劫机,炸弹似乎随时可以引爆。旅客一片混乱,有的紧张昏厥,有的哀求歹徒,有的女乘客抱着孩子大声啼哭。帅克起初也跟大伙一样惊惶失措,跟周遭旅客干同一件事，就是写遗嘱。可是写什么呢？向公司做差评业绩的最后检讨？他觉得提笔千斤，同坐的女士催促他：快写呀，发呆干吗？被女士这么一催问，帅克脑袋里不知打哪迸出一丝火花，于是麻溜儿地在纸头上写画起来。

显然，歹徒劫机都是有目的的，经过谈判，飞机就近在一家国际机场降落。当空姐习惯性地拉开机门那一刹那，纵横交错的镁光灯潮水般投射进来。只见帅克挤在最前面，高举一张纸头，上面赫然写着：某某化妆品公司感谢大家！经过无数家电视台的直播、转播、联播，该公司化妆品确乎"誉满全球"，订货单应接不暇。当帅克辗转回到公司时，老板亲自替他打开豪奢的办公室房门，门额上赫然写着"营销副总裁"！[55]

点评：俗话说，五心不定，输得干干净净。只有当人冷静的时候，才能做出正确抉择；也只有在冷峻之时，才能迸发出异于常人的清奇峭拔的思维火花。帅克对遗嘱"欲写还休、欲写还休",估计是基于歹徒劫机并不希望机毁人亡的理性判断,进而才能做出"天凉好个秋"的另类广告。

案例3:记不清是六朝时期还是在南唐那会儿,反正是发生在南京的事儿。周遭旱情严峻,农田只收三成稻谷,蒋山(紫金山)上的野菜都被人挖个精光。华林苑里的皇帝坐不住了,他望着荒秃秃的蒋山和面露菜色的农人,不由深深叹息了一下,自言自语道:"可能冤案太多,上天降罪于朕,才干旱的呀!"他立即向身旁大臣下旨:尽快赦免监狱中的一干人犯!

一位机警的大臣连忙跪奏:"陛下,雨神昨日托梦给臣,说它怕抽税,所以不敢下来……"皇帝一愣:敢情人祸大于天灾?后经过调查,灾年税赋确实过重,于是立即下令减免。嘿,别说,第二年全城百姓就渡过难关,"小伙粮仓满,姑娘新衣裳"逐步成为新常态。[56]

点评：圣旨让放人，你却说做梦，这不是活生生的"欲放还休、欲放还休，却道今秋没粮收"吗？好在臣子恤民，皇帝圣明，建康城的老百姓才过上好日子。

他篇链接

职场篇：一家奢侈品连锁公司由于资金紧缺，已无力延请电影明星、名模来做品牌代言人。不做宣传，商品没销路，运营形势将会进一步恶化，于是董事会只能做出继续加大品牌宣传力度的决策，并把任务交给营销部门，有言在先：经费自筹。这可把营销经理逼到了墙角，完不成任务轻则扣薪，重则卷铺盖——他抓耳挠腮苦想好多天，依旧没辙，觉得不如到门店走走，看看店长们有啥高招。

他先到了一家处于闹市的门店。一见面，店长就大倒苦水："最近小偷多，小件商品时有缺失，正准备向总店报损呢。"看着监控录像中一幕幕小偷窃物的敏捷动作、琳琅满目的高档精品，以及宽敞舒适、明亮优雅的店堂，经理心里一动，猛地对着店长胸前击了一拳，大叫道："好好，太好了！"店长捂着胸口，惊得半天没有话说。当天，经理就把小偷脸部涂上马赛克的视频送往电视台，打出的主题是：忠告顾客，本店最近频遭小偷光顾，请务必看紧您的钱包！同时还配有几分钟小偷"顺"物的视频。这档"友情提醒"的广告，一下子把企业名头和品牌的知名度甩得老高老高。顾客在好奇心驱使下潮水般地涌来，效益那是不用说了！业内同行大都酸酸地说："明明是为了拉客源，却说是公益广告，亏他们想的出来！"[57]

劝导篇：《触龙说赵太后》是大伙耳熟能详的故事，这里就深藏"却道天凉好个秋"的玄机。在此之前，多人向太后建议，让长安君到齐国为人质，以换取齐军的援助，太后不允，甚至发狠说，再有人谏言，"必唾其面"。触龙最想说这事，但太后既已把话说绝，那他只能"欲说还休"，扯闲篇、拉家常，说什么大老爷们护犊子远甚妇人，什么大老爷们护犊子着眼长远，云云，太后被彻底绕进去了，虽对长安君眷爱不已，但还是打发他去齐国接受"软禁"。[58]

现身说法：二十世纪九十年代末，我朋友高兄在长虹路一家外贸厂子里当个小头儿。那时生产型企业已现颓势，资金短缺、成本加大、产品积压的困惑接踵而来，他们厂长决定在较大范围内开个"神仙会"，让大伙献计献策，看能否振雄风于万一。别说，大家发言都很踊跃，其间不乏真知灼见，有的提出"以销定产"，有的建议"职工集资"，有的讲究以"革新工艺"来降成本、促销路，实行"双轮驱动"。可自始至终作为中层干部的老高像徐庶进曹营，一言不发。厂长接连点他几次，看看实在赖不过去，他居然脱口说了句俏皮话,就是电影《地道战》里的台词:"带上两百个人,把柳本太郎接回来,不就万事大吉了?"

大家轰然大笑,书记严肃地说:"这是在开会,你瞎扯些什么?"高兄敛色道:"我这几天就写个东西交厂部!"大家又是一阵耻笑:这年头还作兴写检讨?嗨,别说,他很快拿出个方案,大意是:看大势、赚大钱,干脆停产转行,把厂子改造成大市场。厂子位于城郊结合部,场地开阔、交通便利,周边新建小区方兴未艾,区位优势得天独厚,且物业收益稳定,安置职工也有了物质基础等等。一石激起千层浪,后来迭经向上级报告,赴浙江、广东考察,职代会讨论,还真办成了一个叫什么"虹"的商品市场,成为本市最早进行"退二进三"(二产、三产)运作模式的企业之一。

第十二式　闲意态，细生涯

辛弃疾《鹧鸪天·游鹅湖醉书酒家壁》一词，通篇皆佳句，如"春入平原荠菜花""晚日青帘酒易赊"都是写情境的精妙之辞，然"闲意态，细生涯"描述了人的气定神闲和精致形象，则不能不是一味唬住对手的心灵妙方。

同义词： 镇定自若　卒然临之而不惊　雍容华贵

案例1： 记得曾在《扬子晚报》上读过一篇短文，大意是一群绑匪把凯撒绑到一个荒凉的海岛上，拟向他的家人索要赎金二十金币。凯撒不以为然，对绑匪说，堂堂凯某人就值二十个金币？要就要个五十金币！绑匪们哈哈大笑，觉得这个人质憨实得可以，于是就真的向他家提出五十金币的赎金要求。这期间，凯撒在岛上健身打拳，读书吟诗，生活过得有滋有味，有条不紊。果然，家人如约送来五十金币，绑匪乐坏了，屁颠屁颠把凯撒礼送出岛。未几，凯撒带上数百名披坚执锐的壮汉，摸上海岛，一举剿灭了这群匪徒，可怜那金灿灿的五十金币，还原封不动地窖藏着呢![59]

点评：不愧为凯撒大帝，在命悬未定时，尚能自抬身价，继续其规律性的雅致生活。绑匪到底"没有文化，不知害怕"，没看出这样的人物决非池中之物，反而纵虎归山，最终为自己的覆灭埋单。倘若撕票呢？历史上怕就没有了罗马帝国！

案例2：梁武帝收留并重用东魏叛将侯景，结果养虎遗患，在武帝八十有五高龄之际，侯景发动叛乱。显然，武帝犯了个致命的识人之误。好在，雍州刺史出身、一生戎马倥偬的萧大皇帝确乎大将风范,听说侯景起兵,臣下乱成一团,他只轻松地呵呵一笑,说:"这小子也能造反?我弄马鞭子狠狠抽他!"气度如此从容。但侯景还是攻破建康城,并以胜利者的姿态,跑进台城向梁武帝提出一系列讨封的要求。萧大皇帝哪吃这一套?不独一件未允,还慢悠悠地手捻着佛珠,上下打量了一下侯景,嘲讽道:"你千里奔袭建康,辛苦得很啊!"

侯景顿时满头虚汗,支支吾吾道:"臣……臣……不敢!"然后叩了个头,拔腿就跑,边跑边对手下说:"这皇帝老儿着实威严,我再也不敢见他了!"梁武帝年事已高,体弱多病,又因缺乏食物,不久还是饿死宫中。后来他的儿子萧绎召集勤王之师,平定侯景之乱,重新夺回大梁江山。不能不说,这与萧天子生前藐视侯景,不给其反叛行为以任何合法性有很大的关系。[60]

点评: 能一举荡平叛乱固然是上上策,但面对失败，梁武帝闲意态，气势威，吓跑了侯景，委实值得称道。想想历史上被推翻的皇帝，不是屈辱禅让，就是被毒杀、自焚、抑或逃亡，能像梁武帝稳居皇宫，贼寇丝毫莫敢渎犯，也算是个奇迹，属"败战计"中的精彩案例。

案例3：少年时，曾听二哥讲过一个故事，说有个军阀抓住一个卖香油的老汉寻开心，在他头上顶个油瓶，多少米开外举枪射击，居然连续击碎三个瓶子。军阀得意地狂笑，让手下副官们也来比试，不用说，这老汉命悬一线。副官刚举起手枪，老汉忽然洪钟般大笑起来，气势一盖军阀方才的狂笑。

"慢！"军阀喝住副官，问老汉："你笑什么？"他好生奇怪：这老汉已置身险境，竟然还敢大笑，且笑的声调还敢于超过我堂堂大帅？

老汉说："你枪打得准有啥稀奇的？你本来就是吃这行饭的嘛！如果跟俺比倒油，你的道行就差远喽！"军阀一愣："这倒油还有啥绝活？

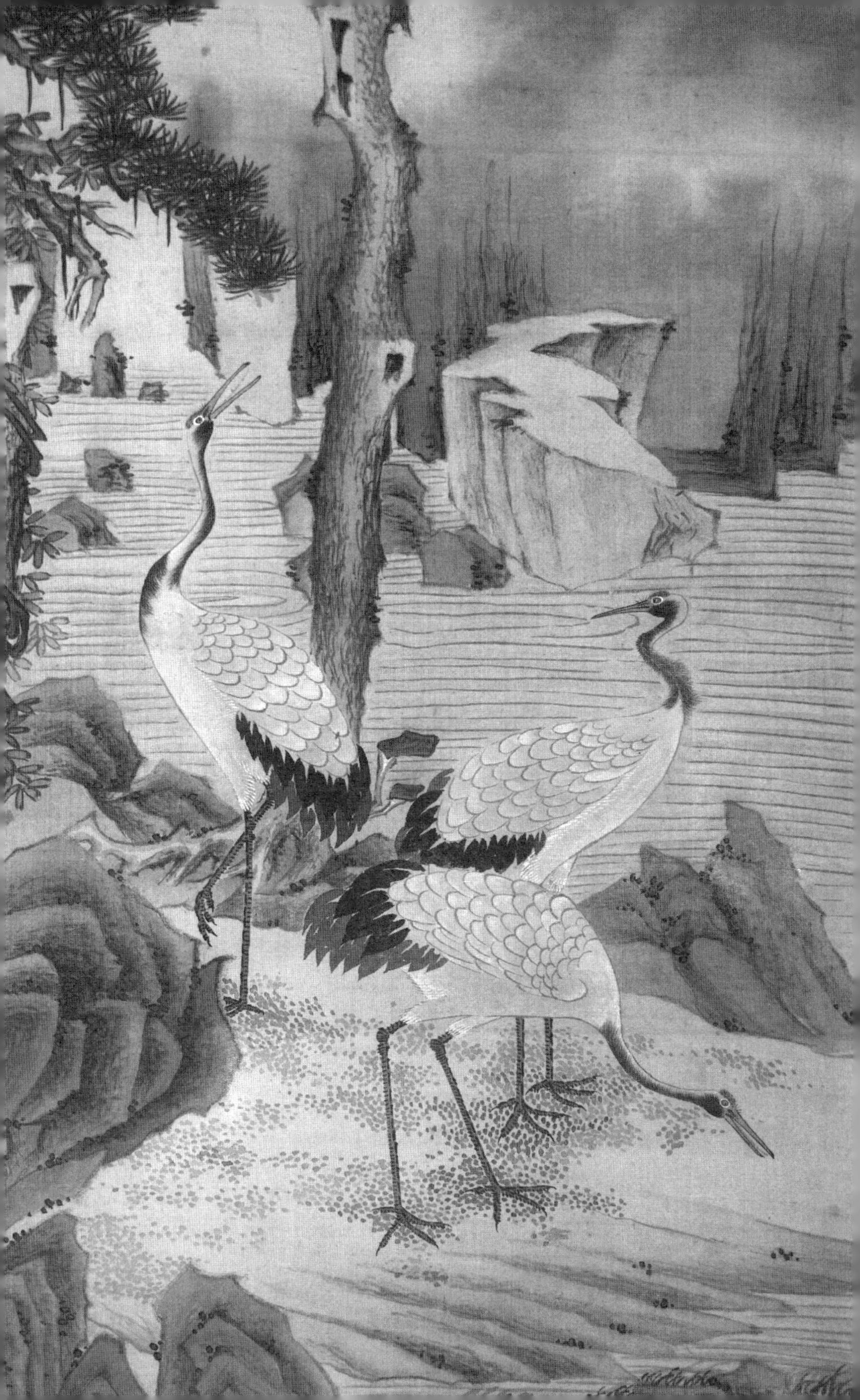

你且倒给我看!"

　　松绑后,只见老汉拿起一枚铜钱,往油瓶口一罩,随手舀起一勺香油,背过身去,信手把勺子一扬,那香油宛如一丝长线,笔直地倾进铜钱小方孔中,一会儿便灌满了油瓶,一滴油都没渗出。军阀和他那帮丘八都惊呆了,有的还直伸舌头。半晌,军阀叹息道:"也许你说得对,吃哪行饭就有哪行的看家本领!"他让副官扔出几块大洋,挥挥手,放卖油佬儿走了。[61]

　　点评:《沙家浜》里的女英雄阿庆嫂是位把"闲意态,细生涯"演到极致的人物,她不仅蜡染围裙格格正正,头巾饰花一尘不染,而且具有胆大心细,遇事不慌的基本素养。她沏茶续水,摆放茶食,应答得体,丝丝入扣,无论鬼子汉奸还是青红帮,都被她骗得团团转。卖油老汉自然无法与之相提并论,但长年走街串巷的经历,却使他懂得了"伸头是一刀,缩头也是一刀"的质朴道理,所以才敢放手一搏。我想起了一句电影台词：危险来时，怕，管用吗？

他篇链接

职场篇之一：电影《列宁在1918》有个情节，契卡负责人捷尔任斯基一句"看着我的眼睛"，就摧毁了内奸的心理防线，让其露出了狐狸尾巴。内奸恼羞成怒，凶残地拔出手枪，老捷轻描淡写地做个手势——"把枪放下"，然后再次重复"看着我的眼睛"，慑于老捷的威严，内奸乖乖地把枪放在桌上。

按常理，赤手空拳的老捷应迅速收起内奸的枪，再走下一步，可不，他居然无视对方的危险性，故意埋头好一阵，清清嗓门，咳嗽几声，内奸见机连忙又伸手拿枪，捷某人把头一抬，"嗯"了一声，内奸吓得慌忙收回手，跪地连连告饶……捷氏就是以这种气定神闲，跟内奸玩着猫捉老鼠的游戏，给观众留下极深的印象，一时间，"看着我的眼睛"成了二十世纪七十年代人们的口头禅。[62]

职场篇之二：这是我看过的一则小故事，结局意料之外，却又在情理之中：一个劫匪窜入银行柜台，扔出一个布袋，压低嗓门对职员说："快把钱放入袋子里，不然立马杀了你！"他扬了扬衣袖掩着的黑洞洞的枪口。女职员似乎没听清他的话——不，也许听清楚了，但依旧一副照章办事的冷漠劲儿："到后面排队去！"劫匪下意识地"哦"了一声，转身就走，等他反应过来自己是在抢劫时，女职员早已踩响了警铃。保安如饿虎扑食般将劫匪扑倒，前后不到一分钟。无疑，这位看似柔弱的女子是个"每逢大事有静气"的高人。[63]

现身说法：十多年前，我跟严兄、政弟跟团到新疆旅行，导游是位姓施的姑娘，要说有多漂亮，倒不尽然，但游客都非常接纳她、服从她、喜欢她，所以她带团很是轻松，小旗一挥，大家紧随其后。她何德何能？三个字：细生涯。

她的穿着打扮、施朱傅粉、举手投足，洋溢着浓浓的精致生活风范。俗话说，太阳每天都是新的，这小施在晨曦微露时走向大家，仿佛又是一个新人：衣着、发型、饰品与前一天全不雷同，自然贴切，以至于说话声调和步履的轻盈程度也显得另具一番风味。想想，她得花多少时间自我设计和化妆？大家看得很舒心，我曾好奇地问她：如此这般为哪桩？她莞尔一笑："你不觉得我这样用心，是对大家的格外尊重？"

嘘——我深深地呼了一口气，被她的观点所折服。记得哪本书上写过：邋里邋遢见人，是对他人的不恭敬。就餐时，她会习惯性地在每道菜盘上放一双公筷，因为她深知，团员们都是来自不同单位，相互不熟，分餐心里更为踏实——那会儿可没什么"新冠"之虞哟！

新疆回来后，我跟旅游公司卫总谈到小施，她说当初招聘时，许多旅游专业毕业的高材生都没录用，却录取了小施，因为看到她对自己仪表的精细之处，就可推论她对游客服务的精心程度——精妙之语啊！

第四套　劝导篇

第十三式　舍我其谁

辛弃疾赋闲在家，带着儿子种种庄稼，盘盘菜园，倒也逍遥自在，更可贵的是他还写出一批山水田园的词儿，我最喜欢的就是《卜算子·千古李将军》，"万一朝家举力田，舍我其谁也。"这最后两句折射出精于农事的自负。须知，就这短短一首词，就有两式情商路数——先说"舍我其谁"，用来赞誉对方："这活儿除了阁下你，就没人配干，更没人能干！"把个对方激励得热血涌动，拿出吃奶的劲头为你效劳。

同义词： 只此一家，别无分店　身手不凡　鹤立鸡群

案例 1：欧洲有位中学生其貌不扬，还有

口吃的毛病，学习自觉性差，反应似乎也慢半拍，任凭家长和老师如何谆谆教导，总不见起色。家人看他不是读书的料子，只好盼他在体育方面有所发展。可学个打篮球吧，无论什么高手去教，他总是原地踏步，毫无长进。

有一回篮球比赛，双方实力悬殊，胜败无须揭晓，反正闲着也是闲着，领队就让他到弱队一方凑凑数，他好不开心！屁颠屁颠地在球场上欢蹦乱跳，也确乎有过多次罚球、传球的机会，可惜投球没有一次不是离篮筐"十万八千里"。观众哄然大笑，连对方队员都逗趣地把球传给他，他照投不误，自然也照投不中。眼看比赛就要结束，在最后一刹那，他又得到一次传球，于是信手一扔，这回邪门了，球像长了眼睛，"刷"地一下流星般地划进篮筐。双方队员都惊呆了，观众席一阵寂静，瞬间爆发出热烈的掌声，"你真棒！""你真行！"呼唤声让这位中学生热血涌动，身体也像飞了起来，"我能行——"冲着远方的父母,他敞开心扉呐喊着。别说,他还真行,他就是世界著名喜剧明星、《憨豆先生》的主演罗温·艾金森,堂堂牛津大学的高材生![64]

点评:相声演员牛群有句台词:说你行你就行,不行也行。那会儿当是"戏言一句",现在想想,这话里埋藏着一定的哲理,就是"信心比黄金重要",人虽有天分高低之说,但人的潜能足以对冲所谓天分,只是会在周遭环境打压、人们的藐视中丧失信心,以致自暴自弃。"憨豆先生"少时坎坷,可偏偏是那精彩的一球唤回了他"舍我其谁"的自信与自负,于是潜能尽释,一举成名天下知。

案例2:我曾在《扬子晚报》文摘版上看过一篇短文,大意是森林公园里有位饲养员奉命驯养一只三条腿的幼小豹子,如何让这只残疾豹长大后能像正常豹子一样捕食生存?饲养员想了个独特的教导法子:他画了许多三条腿的豹子图画贴在墙上，有的凌空狩猎，有的飞纵溪涧，有的爬树远眺，有的逐鹿草原……各种造型应有尽有。屋里还摆放着镜子，让这豹仔子从小就知道自己跟大家伙儿没啥区别，图画上的动作对它而言也是小菜一碟。于是乎，饲养员就按图画上的模样每天训练它，直到长大。在放入森林的一刹那，它像离弦之箭，"倏"地一下窜入密林，捕捉猎物、跋山涉水，样样在行。终于有一天，它与同类狭路相逢，它很惊奇：你这怪物咋多出一条腿啊？不跟你玩了！又是"倏"地一下，蹿上大树，它的同类惊奇于它的神速，却望"树"兴叹，撵不上它，只好悻悻地走了。[65]

点评：对残疾人，我们一般只期望通过关爱和救助，使其尽可能与正常人的生活形态缩短距离，如能跟常人一样生活、学习和就业，则是"上上签"了。可这三只腿的豹子，在饲养员"舍我其谁""唯我独行"的无声劝导和精准调教下，其敏捷与凶猛早已超越健全的同类。记得当年读中医大时，遗传学的老师就说过，人们日常表现出来的体能，最多是潜能的百分之六十，如今我是心服口服了。

案例3：爱妾李瓶儿过世，西门庆悲痛欲绝，连续数日夜不能寐、茶饭不思。众妻妾及一干店铺掌柜、伙计、合伙人都非常着急，如再拖下去大官人势必也跟着"六娘"（李瓶儿）去了。可任何人，包括他的上司、同僚劝解，他都不听，只是一味哭天喊地，寻死觅活。仆人玳安机灵，对正牌夫人吴月娘说，应二爹（应伯爵）出马，好使！不由你不信，老应一来，先充分肯定李瓶儿的死足以让山河失色，普天同悲，然后话锋一转："常言道'一在三在，一亡三亡'，这么一大家妻妾、女儿女婿，一大摊生意业务，一大拨兄弟朋友，一大批奴仆丫环、衙役士兵，都像倚靠泰山似的靠着你过活，你若有个三长两短，大伙儿全玩儿完！

哥，你且把心放开！"西门庆顿时泪眼一亮，一种"舍我其谁"的责任感、使命感瞬间召回，立马盼咐摆酒看座，与应二爷吃喝起来。[66]

点评：应伯爵心里亮堂，拿不出具体硬招子的劝解，其实是抱薪救火，越劝他越以疯作邪，只有兜头一盆凉水，才能浇醒他，而这凉水又是建立在充分高估其身价基础上的，这下，凉水变成了温泉，四泉兄（西门庆的号）能不受用？

他 篇 链 接

技巧篇：《扬子晚报》摘登过一位刘姓作者的短文，给我印象很深：几十年前的住房那真叫个紧缺，小两口能有一间十多平米的小屋蜗居已属幸运。有一对新婚夫妻，丈夫爱熬夜舞文弄墨搞创作，娇妻又有不关灯难以入睡的习惯，于是口角不断，矛盾频频。可这总不是个事啊，丈夫灵机一动：若把堂客拉上写作的战车，事情就好办了。他故意把写好的小说给妻子读，看来小说写得还蛮引人入胜，"尊夫人"一气读完，还转过脸来诧异地问："这故事咋没题目？"

大作家现出一副为难的样子，说想了好多个名字，总觉得不适合、不贴切，"这，这……"然后，他忽然像发现新大陆似的嚷道，"老婆，要不你给起个题目看看？"

娘子脸上泛起红晕，低喃道："我……我哪行啊？""行！你是第一读者，最有发言权啦！"这位兄台肯定地说。于是乎，婆姨一边择菜，一边念念有词，一会儿激动地说："有了，你看起这名字好不好？"老公一听，还真凑合。究竟多少作品有娘子参与？文章没说，反正，当她看到有篇散发着油墨香气的文章，赫然印着她起的题目，一种自豪感油然而生，以后她再也没为难过自家相公秉灯写作了。[67]

职场篇：有位盲人艺术家，有次独自过马路。岂料这条道车水马龙，异常热闹，盲人几次迈步，都被尖啸的车鸣声给吓得退了回去。正在他作难之际，有人轻轻拍了他一下："先生，能帮忙扶我过马路吗？抱歉，我是个瞎子。"艺术家一怔：我还在为这事儿犯愁呢？可人同此心，心同此理，他不忍拒绝，只得硬着头皮，搀扶着这位盲人，亦步亦趋，抖抖乎乎，终于平安穿过这条马路。

一次演出，盲人艺术家获得了空前巨大的成功，当人们问他有何感想时，他毫不犹豫地回答："我人生最大的成就不在戏院，而是在帮助另一位盲人过马路的那一刹那……"端的如此：以盲人之身，助盲人之困，舍他其谁？[68]

现身说法：如前所述，我堂哥当年首入职场，有好些年郁郁不得志，这跟他心直口快的性格有很大关系。一如谚语所说：上帝替他关上一扇门，必然又会为其另开一扇窗，堂哥在单位内部，人缘欠佳，领导讨嫌，每每被边缘化；而在外头，也就是所谓社交场上，他开朗幽默而又豪爽的性格让他着实结识了一帮真心相处的朋友，呈"一半是海水，一半是火焰"内外两重天的奇特格局。

不知挨过多少个寒暑，一日，单位李总裁叮嘱办公室严主任，要其联系一个强力部门，他要亲自拜访，以进行工作上的协调。那会儿堂哥正巧在一旁复印材料，听到这话心里一动：以李总裁之尊，去拜访一个规制、规模都相对小的单位，未免掉价。于是他老毛病又犯了，脱口而出："应该他们来拜访您啊！"李总裁皱了皱眉，睃了堂哥一眼，拂袖而去。堂哥读懂了老板的眼神：你算老几哟？不知天高地厚。

堂哥还算有底气，未几，他果然领着那个单位两个头儿亲自登门，造访李总裁，态度谦和，气氛融洽。原来，他们跟堂哥是闲暇时一起玩的哥们儿。这下总裁大为感慨，多次慷慨陈词：什么叫干部？一有难事，别人都干不了、干不成的，他能顶上，这才叫干部，比如某某！堂哥听得热血沸腾，潜能尽情释放，办事水准从"操作手段、到运作层面、再到运行境界"发展。连那位曾告诫他准备下岗的主管政工的女常务刘副总，也一改旧观，从告诫他人别跟堂哥学坏，转为请堂哥多帮带他们、教教他们。于是堂哥被从边缘处拉了回来，人生从此走上兴盛。其时，堂哥已属大器晚成了。年轻时，他的一位领导胡处长就曾独具慧眼地评价他有"白手起家"的能力。可惜胡处认识到这点时，已面临调离，到供销系统当头儿去了。

第十四式　醉翁之意

不言自明，这是欧阳修《醉翁亭记》里的名句："醉翁之意不在酒，在乎山水之间也！"无疑，它是情商的一个招式，有声东击西、旁敲侧击、转弯抹角、指桑骂槐、明修栈道暗度陈仓等综合效应。

同义词：借题发挥　话里有话　话里话外　弦外之音

案例1：蒋介石是个刚愎自用的人，劝说他改变想法是非常难的事儿。知师莫如徒，黄埔学生也有对付他的办法。蒋介石有个得意门生杜某，后来不知怎么忠心飘移，一会儿跟"改组派"打得火热，到处鼓吹其政治主张；一会儿跟其他党派暗通款曲，似有追随之意，而这些都是蒋介石的政敌。蒋介石闻之大怒，多次在黄埔学生中痛骂其没有气节，欺师灭祖，为三民主义之叛徒。这样一来，许多老同学看见杜某唯恐避之不及，可怜杜同学既无收入，又告贷无门，只好硬着头皮给蒋介石写了封检讨书，表示要痛改前非，请他放自己一马。蒋介石于是把他送进羊皮巷进行反省，冷板凳坐了很长一段时间，才草草给他安排了个小差事。

这事儿被一个精明的黄埔学长获知，觉得这个倒霉蛋可资利用。那会儿他正想办个编练基地，给蒋介石打了多次报告要经费，均无果。这次他重新找个由头，说招募失学青年集训，以备日后抗日之需，拟安排您学生中德才优长的同学担任教官，并列出十多位黄埔一、二期学生名单，那个杜某居然赫然在列。蒋介石一看，气不打一处来，朱笔一挥："除杜某外，其余照准！"那个学长魂牵梦绕的夙愿，一朝实现，暗地里都笑喷了。后来，又一拨黄埔生想组团到欧美考察军事，可相关部门就是不批，这次他们直接给蒋介石递上申请，故意把杜某也放上，校长依旧批复："除杜某外，如拟！"于是乎杜同学一下子又吃香起来，老同学纷纷请他喝酒、听戏，他还傲慢地指定要在鱼市街中华楼摆一桌，说"还要菜好！"可蒋介石呢？依旧恨不得在他身上扎一个洞！[69]

点评：很明显，编练基地和招募学生军训完全是一码子事，但前后效果截然不同，原因在于他们太了解蒋介石的心思，就是"唯我独尊，谁三心二意，就没好果子吃"，于是他们就借小杜同学之名，行满足私欲之实，并以此为游说蒋介石的不二法门。

案例2："南开之父"张伯苓在创办学校的过程中，缺的是钱，只能四处筹措经费，甚至连一些名声不佳的商绅、北洋旧军阀的捐款都来者不拒。这才终于使南开学校顺利运转，名气也越来越大。可是,在教职员工中反而滋生出一些负面情绪,议论的焦点是学校不该接受土豪劣绅和旧军阀的钱,因为这些款项大多是他们盘剥老百姓得来的"臭钱"。

张伯苓觉得师生们讲的是实情,不许大家议论或正面反驳都不妥,且有违南开"允公允能"的校训。他掂量了一下,想出个无伤大雅而又能化解师生心结的妙招。那会儿正是温暖的春季,张校长发动大家利用周末种植花草树木,新培的植物免不了多施肥,于是有的师生又拎来粪水浇灌。张伯苓笑呵呵地对大家说:"粪水固然很臭,它浇出来的花草既雅致又芬芳啊!"师生们听出了这话的弦外之音,若有所思……于是,这场议论很快平息下去了。[70]

点评:没钱,难以办学;有钱,掏钱的人也着实放不上台面,确乎是个两难的事儿。对这类问题如就事论事,往往越描越黑,张校长以醉翁之意不在酒的借题发挥,巧解师生之心结，妙哉！

案例3：明王朝开国之初，朱元璋为防官员腐败，把查处过的一些典型案例及惩治腐败的一系列量刑标准编成一本煌煌巨著——《大诰》，公开发行，以期让官员们引以为戒，促百姓监督举报，构建"不敢腐"的大环境。基层的里长甲首们不敢怠慢，立马把书分发各家，还苦口婆心地劝说乡民到村塾听教书先生讲解。可平头百姓整日忙于生计，对朝政毫不关心，任你磨破嘴皮子，他们还是把新发的《大诰》拿去生火或给孩子叠纸鹞去了，更别说花时间去听讲解了！诚然，朱皇帝杀官无数，可面对那么多目不识丁的农民兄弟，他还真下不了手。可朱重八毕竟不是泛泛之辈，一天，在听取"三法司"治安案例查办情况汇报时，忽然灵光一现，猛地一拍大腿，把个一干"大官人"吓得纷纷匍匐在地，口称"死罪"。

"哈哈，众爱卿平身吧，朕不是冲汝等来

的!"朱皇帝一脸和颜悦色,叫"南京市长"(应天府尹)附耳过来。第二天,府尹升堂问案,当下从重从快判了几个"光棍"(小流氓)蹲大狱,这下小混混们齐声喊冤,有的说,喝一碗麻婆子的豆汁,赖她两文钱就坐牢啊?有的嚷嚷,俺们不过偷看了一回俏寡妇换衣裳就挨四十大板啊?

府尹大人阴沉着脸,半晌才一字一句地问道:"你们各人家里可有《大诰》吗?如果有,让家人呈上来,依新律,本府将酌情宽免你们的罪过!"好家伙,这下子,大堂外旁听的人犯亲属、街坊邻居像黄蜂一样"嗡"了起来,纷纷跑到市面上去搜罗甚至抢购《大诰》。那些家人交出书的"光棍"果然从宽发落。打这以后,别说喜欢滋扰生事的"活闹鬼"弄几本《大诰》作为以后作奸犯科的"必备良药",就是一般本分人家也竞相收藏,抽空听听讲解,以图自保。[71]

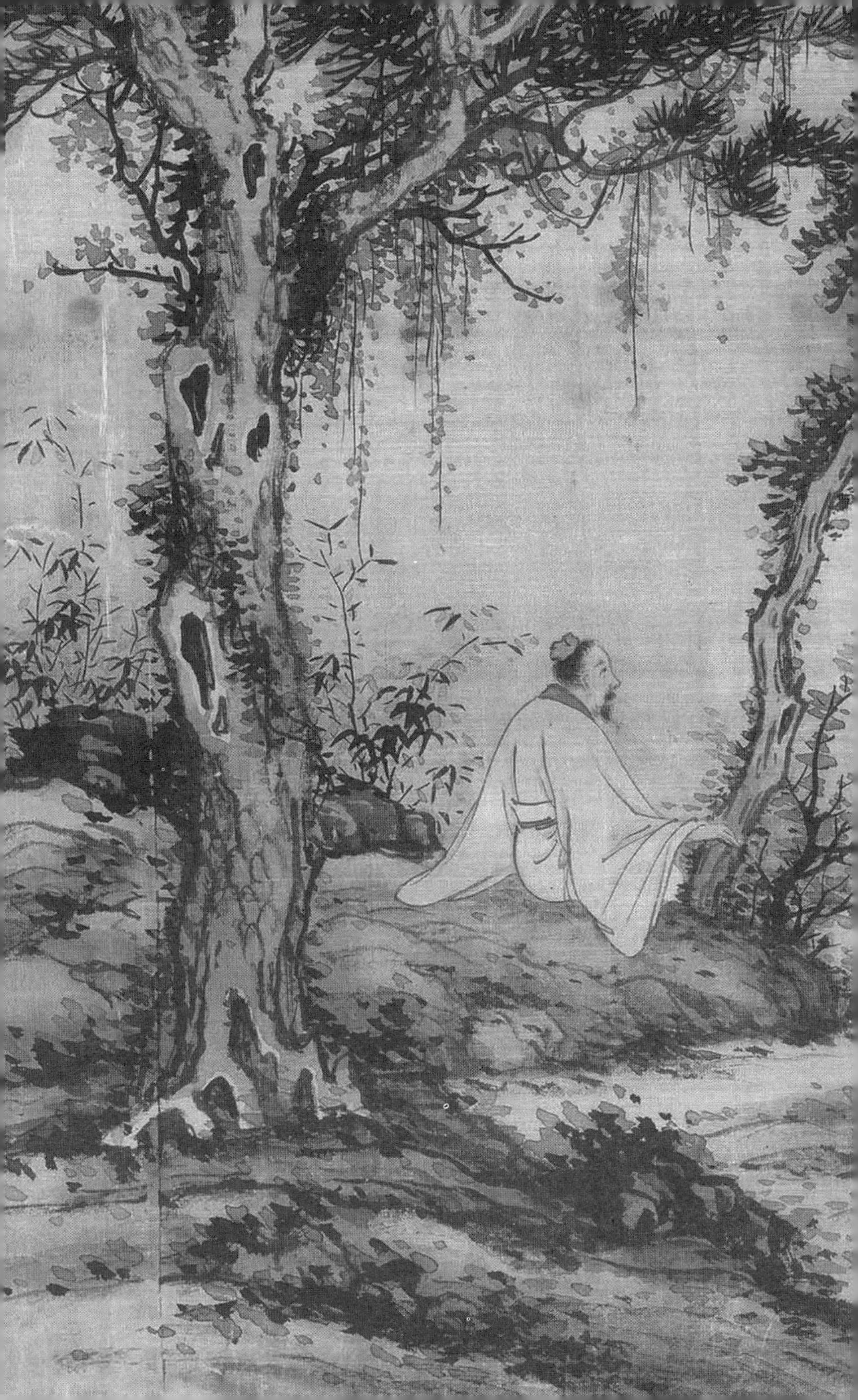

点评：别看重八兄识字不多，却聪明异常，深谙"治国先治官"的精髓，为了建设清正廉明的干部队伍，宁可暂时放过为害乡里的小混混，他将"抓大放小"的战略和"醉翁之意"的战术玩得炉火纯青。

他篇链接

职场篇：读过一篇短文，说是某国边境检查站一位缉私警官就要退休，上班的最后一天，他遇到了常在边界两边穿梭的中年男人，他看了看男人自行车篓子里的东西：依旧是满满的沙土！警官很疑惑地问："多年了，你每次都带沙土到我国，莫非沙土也值得倒卖？"中年男人诡异地一笑，做了个滑稽的手势。警官决心解开谜团，他告诉中年男人，自己明天就退休了，能告诉他这样做究竟是为什么吗？

那人说："你发誓，我说了你一定保密？"

警官郑重地点点头。男人道:"卖什么沙土啊,是自行车!每次脱手,我都在贵国金蔷薇餐厅饱餐一顿,然后从另一个口岸晃悠着回家。别说,"男人加重语气,"贵国的马提尼酒,味道真不赖!哈哈。"趁老警官目瞪口呆,男人"哧溜"一下,脚底抹油,骑车溜之大吉。[72]

技巧篇:有位企业老总一直孜孜以求某书画大家的字画,曾托多位重量级人物去游说,无奈画家清高,始终不允。眼见得心愿难成,老总秘书称他有一妙计或可管用。此人乃绍兴人氏,师爷之后,贼精,老总深信不疑。一日,画家应邀到一个风景旖旎的小海岛采风,无奈连日台风暴雨,画家只能多住几日。岛上别墅美轮美奂,一日三餐不厌其精,整箱年份茅台酒更是让人陶醉不已。唯一缺憾是雅室里书报皆无,景色虽美,狂风暴雨亦不便室外观赏。好在还有文房四宝可资消遣,于是画家酒酣耳热之际,不免技痒,挥毫泼墨,之后又习惯性地揉搓一团，扔于废纸篓。两日后，雨过天霁，主人家礼送画家登陆。孰不知，画家废纸篓里丢弃的作品全被保洁员精心收好，就连撕碎的画片，也被裱画高手拼成一幅幅精美作品，而这位收藏家正是那位压根儿就没露面的老总！[73]

现身说法：我同学小余在国企工作，他不止一次说他们李总裁是个高人。一次中层竞岗，有位部队转业的同志，因外围人脉深厚，总裁决定给予提拔。但这人呢平素话多嘴碎，民意很难胜出，咋整？舆论先行呗。动员大会上，总裁侃侃而谈："选拔干部思维要开阔，视野要放开，有些同志，纵然在性格上有点不合群，平时小节上不太注意，但性格开朗，外面人脉广泛，比方说某某、某某某就是这样的同志，他们对外交往，一个关系运用得当，对我们公司经营有多大的帮助啊？可以说，我们的效益，每个员工的收入，都凝聚着他们的付出……"

别说，提到的人名，做派和人缘情况都跟那位"老转"相似，而巧妙的是，总裁恰恰就是没点"老转"的名字，但这番宏论确乎又包含了他。不出所料，以2∶1公布的入围名单，自然有被点名表扬的同志，大伙儿还意外地发现"老转"也在其间。最后结果，被"点名表扬的"出局，"老转"胜出，一切都那么合情合理，没有异议，总裁更没有偏向某个人。我想，下次要想提拔木讷、话少的人，李总裁一定会列举"老黄牛"典型，还会说"决不让老实人吃亏"呢！

第十五式　李蔡为人在下中

辛弃疾的词《卜算子·千古李将军》上阕云:"千古李将军,夺得胡儿马,李蔡为人在下中,却是封侯者。"啥意思呢?就是人的天分和品质分为三级九等:上上,上中,上下;中上,中中,中下;下上,下中,下下。显然,战功显赫、军事才能卓越的飞将军李广当为上上,但当不了大官;而天分、人品排在倒数第二的李蔡,却堂而皇之身居高位,荣封侯爵。这一现象看似不公正,却是客观存在,且贯穿古今。作为情商的一招,它劝导人们人品好、能力强、学历高、功劳大、付出多,并不一定得到同比例的回报,相反,一些技不如你甚至平庸的人，往往混得比你辉煌得多，这方面尤其要看得开。

同义词：卖油娘子水梳头　刘项原来不读书

案例1：曾国藩母亲去世，在家守孝，皇帝见太平军气焰愈发炽烈，无奈之下，下旨让曾国藩"夺情"出山，既不给人，也不出钱，命他自招乡勇，自募军费，自主作战。让一介文官白手起家与堂堂几十万太平军对垒，何其艰难？好在曾大人性格顽强，行事稳健，足智多谋，更兼超群的人格魅力，很快便拉起了一帮子弟兵，从战争中学习战争，越打越上劲儿，迅速收复武昌、汉阳等一批为"长毛"（清军对太平军的蔑称）盘踞的大城市。皇帝老儿激动之下，立马下旨提拔曾国藩当湖北巡抚——老曾太想要"省长"这个头衔啦！想到求爹爹拜奶奶募集粮草兵饷的艰辛，想到驻扎他乡、饱受地方官白眼的难堪，他庆幸这个"有人有地有税赋"的封疆大吏位置来得太及时了。

可他高兴得早了点，仅一天时间，朝廷又收回成命，依旧让他干空头"团练大臣"的老本行。曾仁兄心里拔凉拔凉的，看看一无才干、尸位素餐的满人文官，无尺寸之功，却坐拥总督大位，心口就气得发堵，一度动了归隐山林的念头。大帅府幕僚中还是有高人的，他们劝解道："世上事不公者十之三四，您一汉人，白手起家，攻城掠地，手握重兵，皇家哪敢放心再给您地方实权？现在能做的就是不消极、不气馁，还像过去一样坚持下去，以时间换空间，慢慢化解朝廷疑虑，如稍有怠慢或怨言，传到皇帝耳里，轻则削职为民，重则治罪啊！朝廷那里要想找您的茬还不易如反掌？"

一席话，说得曾剃头（曾国藩绰号）脊梁后面直冒凉气，只得吞下委屈，打起精神来。他不但认真作战，还做了许多调整以博得朝廷宽心。新招的队伍必拉个满人牵头，明明自个儿打了胜仗,却让当地督抚领衔报捷,最后干脆把功劳一股脑儿推到皇帝头上:宫禁俭朴而斥巨资助军饷,庙算极深却从将帅之谋,官位珍稀不惜重奖有功……把皇帝老儿吹捧得飘飘然、昏昏然,地方官员对此更是交口称赞,于是朝廷也不要他当那个劳什子巡抚了,直接让他当上大军区司令——两江总督,掌管三省,节制多省,后来更是让他拜相入阁,遂成为一代名臣。[74]

点评:世人大多不懂"世事不公者十之三四"这个道理,有些人很优秀,很努力,但"人比人气死人",看看周遭许多不学无术的"二混子"混得都比自己鲜亮,内心失衡,牢骚满腹,自我泄气,自然就更没出头之日了。曾文正公好就好在,把"不公"看作是"存在即合理"的自然现象,不仅不掉链子,还积极调整做人做事的风格,以适应政治生态环境,于是等来柳暗花明。设若大家都能学学他老人家的涵养和韬略，可以肯定地说，"世事不公者最多十之有一"。

案例2：彤德莱火锅连锁集团南京区总裁张先生，当年读书时与几个同学较劲儿比成绩，最终落败，人家纷纷考上大学，以后读研的也不在少数。起初很失落的小张反复自问：人生难道就只有读书一条路？他不信这个邪，在亲友不屑的眼神中，毅然放弃高考，从苏北来到南京打拼。他从习厨开始，逐步掌厨，后来干脆自己开火锅店。也就十来年的工夫，他在南京城里城外已坐拥数十家门店，职工上千号人，资产积累相当惊人。他曾戏言："我手下部室里的硕、博士研究生多了去了，哈哈！"不过，他并不排斥读书，尤其对儿子的学业极为上心，他心里亮堂：做企业，没有知识做支撑，哪能走得远哟！[76]

点评：如今，家长们对孩子读书的重视已登峰造极，甚至到了失去理性的地步，在"不让孩子输在起跑线上"这堂而皇之的理由下，不惜重金延请家教。校外培训把孩子折腾成毫无朝气的"小学究"，有之；把破烂陈旧的学区房，炒到十多万元一平米，有之；远涉重洋地把不满十岁的孩子送到国外人家寄养学外语，有之……

家长们忽略了一个基本常识：读书也是需要天赋的，有的孩子就适合读书，但长成后"百无一用是书生"者也不在少数；有的孩子，看见书本就发怵，头都大了，但动手能力特强，长大后成为蓝领精英，凭手艺吃饭，也收入不菲；有的处于"材与不材"之间，也能读个二本，又决无考研之能，步入社会混得好坏既看造化，更靠各自情商。有人在一定范围内统计过，情商高的二本毕业生，就业后大都比那些"读死书、死读书"的硕博士生活得鲜亮，过得滋润。如此，又何必强迫孩子一定要进高等学府或名校呢？

唐人有首诗写得特别到位：竹帛烟销帝业虚，关河空锁祖龙居。坑灰未冷山东乱，刘项原来不读书。这首诗讥讽秦始皇总戒备读书人有异心、会造反，所以来了个声势浩大的"焚书坑儒"，孰不知推翻大秦江山的恰恰是不学无术、斗大字识不了几个的刘邦和项羽。刘邦一介无赖，愣是开创了汉朝四百年基业；项羽只会弄枪舞棒，却也成就了"西楚霸王"的千古美名。想到这些，我真想给那帮逼子读书、望子成龙的家长们一记当头棒喝：儿孙自有儿孙福，你瞎操什么心？！

他 篇 链 接

职场篇：有个棒球运动员，姑且把他唤作德莱赛吧。他起初是业余队员，被一家棒球俱乐部老板相中，很快成为俱乐部的主力队员，后来又碰巧被国家队选上，从而一跃成为棒球赛全国冠军，誉满天下。正当事业如日中天，红火至极时，他却在一次献血时不幸染上艾滋病，多少"棒粉"替他惋惜，上门慰问者络绎不绝。

德莱赛自己很坦然，他说："论基本功，我没体校棒球专业出身的学员扎实；论打球经验，我没许多资深队员丰富；论打球技术，我肯定也不算拔尖，可偏偏重大比赛，我碰巧都赢了。当鲜花和掌声铺天盖地而来时，我压根儿没想过问上帝，全国冠军为什么偏偏是我这个中不溜儿的队员？所以，现在我染上艾滋病，自然也没资格去责问上帝，为什么不幸的偏偏是我？"慰问者听了他的陈述，个个敬意无限，又顿觉自己幸福无比，他们感叹道：与德莱赛相比，我们的所谓收入少、职位低、没名气、没人爱……这些零零碎碎又算得了什么？[77]

逆袭篇：一个小学的门房，因不识字，被新来的校长解雇了。校长大人悻悻地说："我们是名校，怎么能雇用一个文盲呢？"可怜门房正值中年，上有老下有小，一家人总得吃饭吧？于是他就去给人家灌香肠。后来有经验了，自己开了个香肠作坊，生意越做越大，老年时已成为这个国家的"香肠大王"。那所小学自然不会放过这一无形资产，热忱地邀请他当名誉校董，"香肠大王"也不吝啬，一甩手就是一笔巨款资助学校。各路记者闻讯纷纷赶来采访他，有人好奇地问："如果您识文断字，您觉得现在会是怎样一副局面？"老人呵呵一笑："一所小学的看门人。"[78]

现身说法：堂哥当年在苏北插队，他落户的生产队有个村民绰号"癞乌子"，平常好吃懒做，出工不出力，队干部们看到他就头大。堂哥却不这样认为，他觉得"癞乌子"虽只高小文化，但脑袋瓜活络，做事有器局。有回，堂哥跟两个小知青晚上跑到农户自留地偷拔白菜、大蒜，被主人家逮个正着。主人家喊来了七八个庄稼汉，要把他们扭送大队民兵营法办，正巧这会儿"癫乌子"从街上喝完酒，哼着小调路过，看到这场景连忙打圆场，说："哎，哎，娃子没菜吃，顺手摘点儿多大事啊？"

农户一看是这块料，没好气地吼道："我还指望赶集上卖，换几个盐巴钱呢！你做好人，你掏钱呀？"嗨，别说，"癫乌子"还真从衣兜里摸出几张皱巴巴的角票，摆平了这事儿。当堂哥他们慌不择路离开时，听到身后"癫乌子"还在劝解农户："损害一个娃容易，维护一个娃就难啦，我们……"据此，堂哥判定"癫乌子"终非池中之物。

果不其然，"癫乌子"后来混到公社看大门去了。且幸运一再光顾他，公社副书记带队到海南学种杂交稻，一去三个月，"癫乌子"抓住"战机"，天天给副书记家病怏怏的老婆和两个读书的娃子打饭菜，一副"小车不倒只管推"的韧劲儿。等副书记回来，一家老小个个都夸"癞乌子"照顾周到，书记感动地降尊纡贵，特设家宴请"癞乌子"喝酒。后来"癞乌子"一度回大队当林业队长，复又调公社农经站当头儿，手下农校毕业的科班人士很多。那位副书记升调县里后，"癞乌子"还在本乡干，最终做到副乡长，那是改革开放初期，农村的副乡长，真叫一个"牛"。

第十六式　彩云易散

白居易诗《简简吟》里有两句洞察世事的传神之笔："大多好物不坚牢，彩云易散琉璃脆。"意即世上但凡美好的人与事大抵不牢靠、不久长，人们对此要看得开、想得开。不啻如此，在情商韬略《劝导篇》中，这句话的功用也是超乎寻常的。

同义词：天妒红颜　皎皎者易污　木秀于林，风必摧之　不幸生在帝王家　美人自古如名将，不许人间见白头

案例1：阮玲玉是民国时期红到极致的影坛明星。在常人看来，她风光无限，名气、金钱、美满爱情似乎一切都唾手可得，然而绝色

佳人的她，恰恰数度困于恋爱，最后面对流言，为捍卫自己清白的名声而选择自杀，年仅25岁。她的离世震撼了整个社会，人们极度惋惜，怀念文章铺天盖地，最终用陆游的两句诗为她的一生画上句号：零落成泥碾作尘，只有香如故！评价可谓空前绝后。[79]

点评：不独阮玲玉，就是当今港台巨星翁美玲、张国荣，一代歌后邓丽君，大陆影视新秀乔任梁，都在华年撒手人寰，且多为自杀。它揭示了一个事实，就是人人都有本难念的经。他们身处宝塔尖，光彩照人，情感和完美生活的燃点也相应很高，造成"心结"和"坎儿"的主客观因素明显多于"一盘猪头肉、二两老烧刀"就很满足的市井俗人。从这个意义上讲，"彩云易散琉璃脆""不幸生在帝王家"的观点是成立的，进而引申出两点积极意义：一是凡夫俗子自有凡夫俗子的乐趣，何不庆幸？二是天妒红颜、天妒英才造成的悲剧令人扼腕，但也要想得开，尽早释然，把眼下的日子过好。

案例2：二十世纪末，石家庄造纸厂马胜利开企业"承包经营"先河，通过创新与管理，一举使企业扭亏为盈，闻名遐迩，获"全国优秀企业家""五一劳动奖章"称号，先后多次被国家领导人接见，一时风光无限。原本，企业生产经营客观上是一条曲线，有高潮自然有低谷，经过底部盘整，极有可能重拾升势。在马胜利承包企业越多，摊子越铺越大时，他渐感乏力，企业的经营状况每况愈下，亏损显现，马胜利提前退休，厂里那块曾经被无数企业界人士拍照留念的"马胜利"的牌子也被拆除。老马生活窘困，只得开个"包子铺"，日夜叫卖，一时被传为笑谈。慢说他对企业经营机制转换有过贡献，就是如今厨师头上戴的白色纸帽和当年妇女普遍使用的纸质卫生巾就是他的两个发明，凭此"专利"也不应沦落到"包子个体户"呀！好在历史是公正的，后来官方对

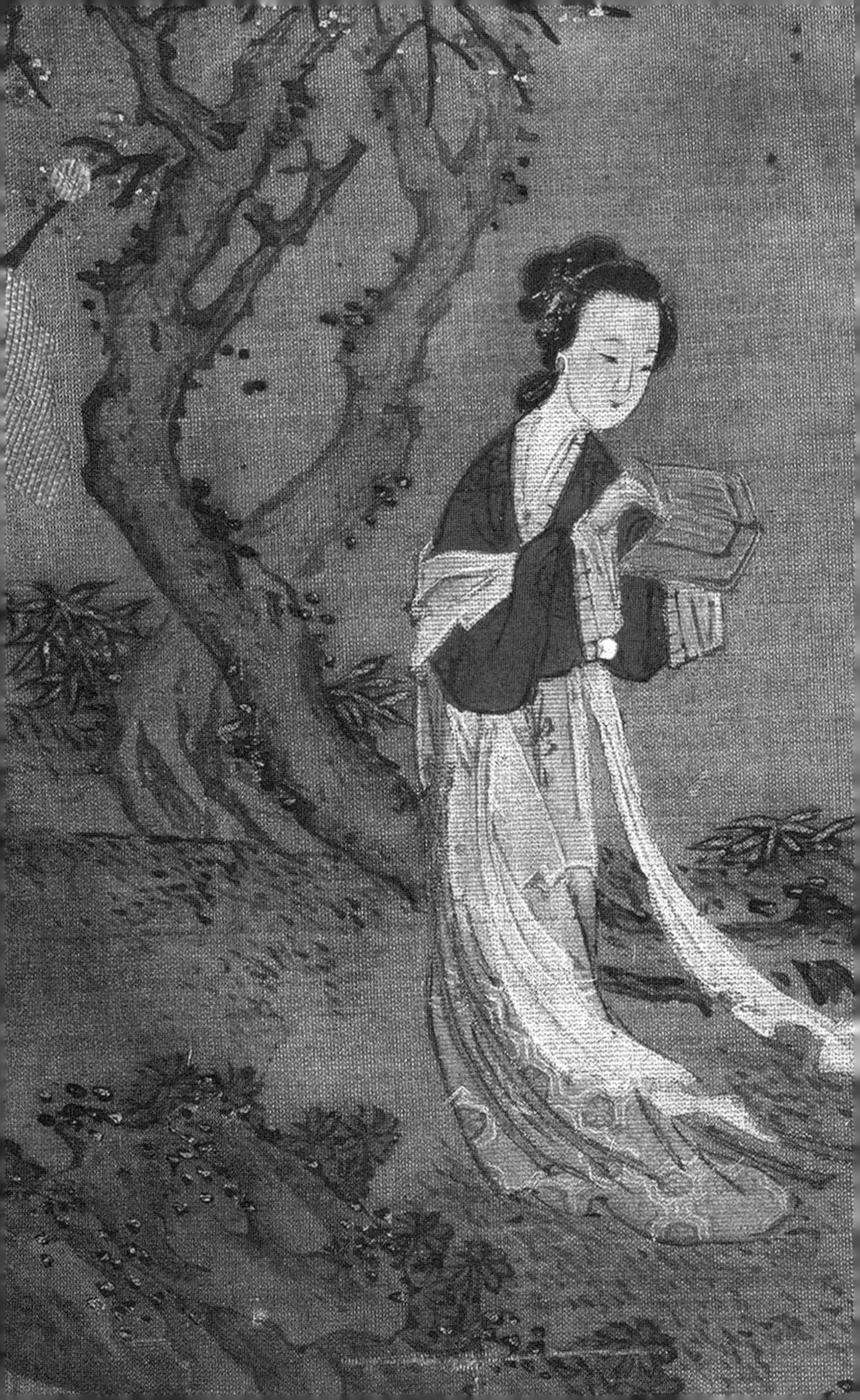

他率先打破国企"铁饭碗、铁工资"的勇于探索精神给予了充分肯定。[80]

点评：不容否认，在个人名望达到顶峰时，确实不容易走"群众路线"，也难以谦虚地跟主管部门搞好关系，这一点，马胜利本人反思时也清醒地认识到了。不过，他的能耐、一度创出的非凡业绩和令人炫目的光环，是使他迅速"被退休"、人生降至谷底的重要原因之一，这也算是"彩云易散琉璃脆"的另类诠释吧！

案例3：看过《三国演义》的人都知道，那是个群雄割剧的年代，同时又是个英雄辈出的时代，若问群英谱中谁居第一把金交椅？吕布！"人中吕布，马中赤兔"嘛！刘关张通天的本事，"三英战吕布"还显得左支右绌，力所不逮；董卓得到他，尽除劲敌，掌控朝廷，称霸全国；王允策反他，又轻易剪除了当时最大的枭雄董太师……放眼海内就没一个人能是吕布的对手。可就是这位天下一等一的高手，一次

第四套 劝导篇

马失前蹄,很快就"误了卿卿性命",而他当年的手下败将呢?当皇帝的当皇帝,封侯的封侯,割据称霸的称霸。其实明眼人一看就知,曹刘杀吕布,明里说他品德不佳,忘恩负义,暗地里都忌惮他武艺高绝,是各自以后"称孤道寡"的最大障碍,必除之而后快。与此相似的是,"力拔山兮气盖世"的西楚霸王不久长,乡间痞子刘邦却坐拥江山[81]。

点评:坊间常说:"好人不长命,祸害遗千年。"这当然不是常态,但又不乏实实在在的事例。这一点,贾宝玉感触良深:黛玉是世外仙姝,人间哪能留得住?早逝是必然的;工于心计,圆滑可观的宝姑娘是"玩人"高手,植根于世俗的沃土,自然能尽享天年。辩证地看:德才双全、成就斐然者确乎容易受到人们的"羡慕嫉妒恨",成为人们合力围攻的靶子,"夭折"虽则可惜,却并不奇怪。别说,大词人辛弃疾在近千年前就悟出了这个道理:人啊,太有才和太没才都是祸患,最好是"材不材间过此生"。高人!

他篇链接

职场篇:这是个很普遍的案例:一位情商、智商俱佳,工作作风又很扎实的公务员,仕途上,在每次晋升的关口,都能击败其他竞争者,一举上位。大家对这位年轻领导一致看好,种种猜测中,弄个地市级正职当无悬念。可就在春风得意的当口儿,他管的下属出现群体违纪事件,作为廉政建设第一责任人,他也受到了相应的处分。不少人替他惋惜,觉得他是"躺着中枪",可纪律是无情的。一晃多年过去,回眸审视,原来屡次跟他同时竞岗落败的同事,都晃悠悠地升到了他眼下的职位,其间更有一位升副厅,一位交流到外地当市长,而他继续原地踏步。好在他的意志并未消沉,倘若再来个

"不作为",那就不是原地踏步的问题喽。由此看来,公务员不好当,责任大哟![82]

逆袭篇:《金瓶梅》中的人物春梅虽为丫环,却是个"身为下贱,心比天高"的女子,她的聪慧在于,洞悉人性——其实更准确地说是洞悉男性。你西门庆在清河县府里府外像个"皇帝",人人巴结,个个抖乎,我偏不买你的账!她还经常借故指责西门庆,努力维护主妇潘金莲在府中的应有权益。蹊跷的是,西门大官人面对这个悍婢,竟满脸堆笑,唯唯诺诺。有书评者认为,西门庆习惯了人们的恭维和顺从,反而很享受春梅的峻厉,有一种类似"被虐狂"的畸形心理。

春梅还是西门府中唯一不贪财的女人,在那个物欲横流的世道,这一特质明显占有相当的人品高度,因而府中所有女人谁也不敢藐视她,至少表面上是这样。更可贵的是她的眼界,能把西门庆众妻妾及一干人众看得通透,对西门大家族颓势端倪掂量得明镜儿似的。所以，当西门庆死后，嫉恨她的大老婆吴月娘把她光身子发卖出府时，她居然一滴眼泪都没有，自傲地说："好男不吃分时饭，好女不穿嫁时衣。"头也不回，扬长决绝而去，以清高的身影，震撼着整个西门家人的心灵。这样的高人又怎么会不华丽转身呢？

很快，她成为守备大人的正室夫人——金钱权势都是清河县首屈一指的女人。值得称道的是，当寺庙住持冷落吴月娘等人，一味逢迎守备夫人大驾光临时，春梅一点儿没有居高临下、以强凌弱地报复月娘，而是真诚地按主仆之礼给月娘作揖，把个吴大太太折煞地差点匍匐在地。是春梅，想救潘金莲于水火，宁可自己当妾，而把守备夫人的金交椅让给旧主；是春梅，安葬了死于武松钢刀下的金莲，替她念经超度……就是这样一个清高聪慧而不乏忠义的奇女子，年纪轻轻竟殁了，理由很牵强——

性生活过度,从现代医学看,这根本说不通。显然,作者要表述的正是"彩云易散琉璃脆"的人生哲理。曹雪芹深以为然,于是《红楼梦》中有了春梅的翻版:心比天高的大丫环晴雯。[83]

现身说法:我有一位女性朋友,家中五朵金花,数她长得最漂亮:身材适中,明眸皓齿,一缕刘海飘在额前,洋溢着一股纯朴的美感。她是家中老大,大姐风范表现得淋漓尽致。她高中毕业即投笔从戎,接着被选拔读军医校,提干,后来做了原南京军区司令、一位开国老将军的护理组长。在她的帮助下,妹妹们陆续都从苏北来到省城。那会儿房子紧张,她在自家斗室里打上地铺,安顿好妹妹们,并以自己并不宽裕的工资,担负起妹妹们的日常生活用度。后来,妹妹们在南京发展得都很好,各自成了家,她自己也转业到市级机关,当上处长,跟领导同事们相处得都挺融洽。眼见得事业有成、家庭兴旺、其乐融融之际,她却身患疾病,英年早逝,丢下了她一生孝敬的双亲、悉心照顾的妹妹们和无比疼爱的女儿……

妹妹们痛哭之余,不禁仰问苍天,为何收去的竟是她们的姐姐——一个近乎完美的女人?谁也无法回答她们,只有我,默默在朋友圈里发上几张清奇冷艳的蜡梅花图片,附言:大多好物不坚牢,彩云易散琉璃脆。记得那是1月8号,一个肃杀的冬日。

第五套 技巧篇

第十七式　春潮带雨

"春潮带雨"出自唐代韦应物《滁州西涧》诗句："春潮带雨晚来急，野渡无人舟自横。"俗话说，春雨贵如油，在农耕社会中，春潮涌动已使农人欣喜，再加上几场春雨，那更是丰收在望，已然闻到稻谷香了！生活中，春潮带雨用来比喻好上加好，无疑，这是大多数人的心态，春节时"福禄寿喜""财源广进""身体安康"的对联和祝福，就是这种祈盼的突出反映。诚然，"春潮带雨"自可成为情商的一招，且每每奏效。

同义词：又吃粽子又蘸糖　得陇望蜀　锦上添花　得了便宜又卖乖　一箭双雕　一石

二鸟

案例 1：有位仁兄，独自到昆明旅游，饱览春城风光之余，又就着大象米线小酌了几杯滇酒，微醺中手机居然被人"顺"走了。那可是"苹果 6"啊！他心疼不已，好在这位兄台情商不低，深谙贼人获利"多多益善"的心态，于是借别人手机向"苹果 6"发了条信息：老哥，我单位有急事先回南京了，放我这儿的钱没法当面交给你，已存火车站贵宾候车室 x 号寄存箱，密码是……祝你们玩得开心，回见！二马顿首。

也是活该上当！这偷儿盯着手机屏幕，思忖良久：既是一块儿出来旅游的，定是熟人，怎么通讯录没标明姓名？哦，是啦，是啦！这号码好记，13751……尾号四个"7"，难怪不标注。一块儿出来玩，旅费放带包的同伴那里，也是常有的事；有急事先回，我也碰过多次……一切是这么合情合理。这厮按捺不住"一石二鸟"

的狂喜心态,决意去取这笔钱。而他还不忘做一件事:在路上,他礼貌地拦住一位戴眼镜的斯文人,讨教"顿首"是啥意思?那人笑笑:"客套话,比如给长辈、老师、兄长写信时放在最后表示致敬。"窃贼连声道谢,心彻底放下了,当即赶到火车站贵宾室,迎接他的却是我们的失主同志和严阵以待的警察叔叔![84]

点评:巧合和斗智二合一,构成了请君入瓮的完美故事。失主独自旅游,只能借陌生人手机,显然他碰到的是慷慨的企业家或其他成功人士,号码吉祥,连号易记,从而抵消了贼人的疑虑——就像炒股的人总喜欢听顺着自己操作方向的股评。失主智商高,小偷也不低,识字不多,推理正常,还晓得求证"旅伴发信息为何要落款"这一疑点,只是失主稍微技高一筹,用个土气而又亲昵的"二马"小名落款,显得自然贴切,钱存在"二马"手上变得更具真实性。当然,这个"贼配军"最终还是栽在了"春潮带雨"的贪婪上。

案例2：宋朝时，一位农民伯伯清早起床，惊异地发现自家耕牛舌头被人割了，这耕牛可是壮劳力，一家生计全靠它呀！老农气急败坏，一溜儿小跑赶到县衙，擂鼓喊冤。受理此案的你道是谁？乃是后来当上堂堂首都"市长"的包拯同志！听完老农的哭诉，包公微微一笑，命其附耳过来："回去干脆把牛杀了，一家人好好饱餐一顿炖牛肉！多余的拿集市上卖了，还能攒几个碎银子。"农兄瞪大眼睛，张大嘴巴，喘着粗气："这……这……"包大人一挥手：不用怕，照本老爷的话做就是了！

县太爷的话哪能不听呢？回去后，农夫就请了个庖丁来，把牛肢解了，炖上一大锅牛肉，美美地饱餐一顿，第二天又到集上把多余的牛肉卖了几两银子。正当他喜滋滋地往家赶时，来了几个差役，不由分说把他"锁"进县衙大堂，一旁还跪着他的邻居，人送外号"麻皮"。

包拯指了指"麻皮",对农兄说,他告你私宰耕牛,犯了国法呢!不等老农争辩,包大老爷一摆手:跪下听判!然后惊堂木一拍:"大胆'麻皮',你因既往过节,割人家牛舌泄愤,如今看人家杀牛卖肉,又来首告,意欲骗取赏银,好一个得了便宜又卖乖的奸邪之徒!牛舌头被割,牛必死无疑,老汉杀牛卖肉,弥补损失,情理之中,故法外开恩,不予追究。现判原凶麻皮赔偿老汉耕牛一头,重责三十大板,'麻皮',你倒是服也不服?"

"麻皮"捣蒜似的连连磕头:"小人知罪,小人认罚!请大老爷开恩!"大厅外观看的乡亲们看老包断案如此精准、公道,全都鼓起掌来,把老农感动得喜极而泣,直呼"包青天"。[85]

点评:人们普遍认为,黑脸包公是个大公无私、执法如山的铮铮铁汉,其实包大人的情商亦是一流的,他深谙人性,对歹人心理拿捏到位,所以才想出这么个引蛇出洞的奇招;对

"麻皮"而言，泄愤之外还能得一笔赏银，自然是"又吃粽子又蘸糖"的极致快乐享受。可见，侦破高手的先决条件就是高情商，不然你对坏人的心理都把握不透，又如何能举重若轻地张网以待呢？

包拯在"情、理、法"的心灵交织中，"法治"更多地占上风，比方说审陈世美一案，当公主、太后一起前来阻拦时，深受皇家厚恩的老包或却不过情面，或也有"不要跟老板作对"的活思想，所以他递上一包银两给秦香莲，劝其回家好生养育一双儿女，只是叮嘱儿子长大后"再莫去做官"，足见包同志对"人一阔脸就变"的清醒认识。香莲是个倔女子，偏不爱钱，还抛出句"官官相护"的感叹，它像一把冷嗖嗖的利剑，直插老包心田，他的"法治观念"再度被激活，毅然摘下头上的乌纱帽，大喊一声："龙头铡伺候！"皇上的东床快婿顿时成了刀下鬼。看看，只要能摆正"情、理、法"的位置，那情商高绝对是个好事！

案例3：明代南京城三山街有家江都邵伯人开的森泰当铺，规模大，信誉好，盖因这家大掌柜宦四爷眼光精准，给价合理，市民大多愿意来此抵当，以缓解手头紧缺。一天中午，伙计们大多吃饭去了，铺子里只有宦大掌柜在值班。一位衣着鲜亮、举止得体的公子哥儿昂然踱进店铺，"哐当"一声甩出一只白玉蝉到托盘上，开口就说："汉代宫中玩意儿，给个价吧！"宦四爷用放大镜，仔细看了几遍，确信这是汉代玉器精品，随即一口价："可当五百金！"公子哥儿爽朗一笑："森泰果然识货！不枉本少爷从镇江赶来。好吧，给银票吧。不过话可得说清，最多半个月，我是一定要赎回的，请妥当保管，这可是我家的镇宅之宝。"

"那是，那是！到时尽管来取！"老宦忙不迭地答道。看着少爷晃荡着双肩离去，他心中暗暗为"森泰"能当到如此珍品而激奋不已。

当晚，宦四爷抑制不住欣喜，拨亮灯芯，又小心地好生把玩白玉蝉，看着看着，他的脸色一下子凝固了：玉蝉上的两丝纹路可不是汉代的刀法啊，就像"秦朝的草书，西汉的魏碑"——赝品！四爷满脸紫胀，慨叹自己的一世英名即将毁于一旦！

四爷连续失眠了两个晚上，可大掌柜就是大掌柜，拿得起放得下。一天，老宦同志穿上竹布长衫，精神抖擞地吩咐伙计拿着他的帖子，遍请各位业内好友和相知的客户，当晚在三山门（水西门）孙楚酒楼举行了盛大宴会。酒过三巡，脸色酡红的老宦清清嗓门，语气沉重地说："想我宦某，当年也是一条好汉，在典当业搏击数十载，阅历无数，人们戏称火眼金睛，没想到这次阴沟里翻船，栽在一介纨绔子弟手上，真正是没脸见人了！"说到心酸处，不禁掀起长衫，拭了拭眼角，"今天这餐，就是我跟各位喝的告别酒，感谢诸位长期以来对我的照顾和支持，现在我把这劳什子砸掉，以示金盆洗手，择日将移居江都老家别院，从此含饴弄孙，颐养天年！"

话音甫落，只见他扬起玉蝉，死命砸在青石地砖上，"咔嚓"一声，玉蝉碎成多片，观者无不嗟叹摇头，惋惜不已。

没过几天，森泰柜台出现了那位公子哥儿的身影，只见他慢悠悠地掀起外套，从贴身夹袄深处取出当票，递上连本带息一大包白花花的银子——眼见得，这位仁兄赎玉蝉来了！按行规，在有效期内抵押品出现损坏或丢失，当铺要付给典当人巨额赔偿金，这可如何是好？伙计们吓得面面相觑，公子哥儿眼神里流露出一丝不易察觉的自得，更确切地讲，是一种猎人欣赏猎物的快意。这时，里屋门幔掀开，宦四爷从容走了出来，手上捧着一个精美绒盒，轻轻地缓缓地优雅地放在托盘上。公子哥儿疑惑地打开一看，正是自己的玉蝉！雪白的蝉腹上,还有他亲自捺下的鲜红的手印——这也是行规,怕抵押人耍无赖,说不是原件。贼公子一下慌了手脚,想开溜儿,不知何时,两扇朱漆大门早已紧紧关闭。

"唉!"骗子一声长叹,无奈地丢下银两,拿起假玉蝉耷拉个脑袋走了,心里一个劲儿重复着"玩鹰的被鹰叼喽"……无需多说,读者们想必早已晓得,这是宦四爷演的一出"引蛇出洞"戏。[86]

点评:旧时代,当铺宛如一个小社会,抑或说是一扇大江湖的窗户,凄苦穷人、破落大户、官员乡绅、贩夫走卒,几乎士农商学兵无一不跟其打交道。当铺的伙计们见多识广,几年干下来,个个都是人精,更何况人称"火眼金睛"的大掌柜呢?做生意失手是常有的事儿,好在宦四爷掌握骗子普遍具有得陇望蜀的连环诈骗心态,于是略施小计,便把那位"公子哥儿"引入彀中。

他篇链接

职场篇之一：武则天时代，朝堂上告密风盛行，许多正直的大臣对此很有想法，但武皇帝太过强势，所以谁也不敢谏言。其实，老武也想矫正一下告密风气，但从哪儿破题呢？嘿，这老太婆运气真好，刚瞌睡就有人送枕头。有个甲大臣添孙子，欢喜之余，悄悄杀了一只羔羊，请几位同僚来家小酌几杯，乙大臣也在被邀之列。按当时法律，牛羊属生产类牲口，严禁宰杀。乙兄喝着人家的酒却动起了歪心思：朝廷上下都看好甲老弟，入阁拜相是迟早的事，如把他扳倒了，我的机会不就来了吗？翌日，乙大臣就悄悄向皇上告密。也是活该他倒霉，这大半年来，早有人向皇帝打小报告，说乙大臣四处勾连，搞团团伙伙，在为他日后上位奠定"群众基础"呢！武皇帝早就想法办他了，只是苦于一时找不到恰当的借口，这下可好，顺势来它个"春潮带雨,一箭双雕"。

一天早朝,武皇帝问甲大臣:"听说你添了个孙子,恭喜啊!办酒请客没有?"

老甲一听,冷汗直冒:一准吃羔羊的事儿被举报了!吓得他连连磕头,坦白交待,希望来个"从宽处理"。武皇帝慈祥地笑笑,走下来拍了拍甲爱卿的肩头:"起来吧!添孙子,请客办酒人之常情;小羊羔也不产奶,更算不得违法,只是朕还是要奉劝你一句,往后请人喝酒,可得睁大眼睛,再莫请小人啦!"然后狠狠瞪了乙大臣一眼:"哼,以怨报德,退朝!"拂袖而去。

乙大臣的朋友们看到皇帝这态度,"友谊"的小船立马翻了,乙兄台瞬间成了孤家寡人,同时告密之风也得到一定程度上的遏制,臣工齐呼"明君"。[87]

职场篇之二:记不清是发生在汽车大王或是电器大王抑或是其他哪个大亨身上的故事:

寒风中，一个瘦削的青年抱着一捆铅笔，在向路人兜售。过去的六天，没有卖出一支，如果今天还是"剃光头"，不独晚上无可炊之粮，就是跑街这个行当也会被笔业公司剥夺——当时协议就是以一周为限啊！

"我真没用！"小伙子一脸凄苦地望着不远处商业大街陆续亮起的灯光，心里嘀咕：注定又是失败的一天……

一位衣着鲜亮的老者匆匆走过，睃了他一眼，也许愁苦写在脸上，引起了老爷子的怜悯，居然又回过头喊道："喂，我买几支铅笔！"

小兄弟一怔："先生，您是在叫我吗？"

老先生笃定地点点头，递上一张钞票。青年高兴极了，连忙收下钱，仔细在包里挑出几支色泽鲜艳的铅笔，一边说着"谢谢"。青年抬头一看，老者已阔步离开，似乎根本不在意拿不拿铅笔。年轻人微张着嘴，眼神迅速黯淡下去：这是施舍……

这时，老人家似乎又意识到什么，再次折回，郑重地说："小伙子，把我的铅笔给我！"然后拿过青年手中的笔，看着激赏不已，"好精致的笔，我孙女一定喜欢！"自语着开心地离开了。

一种成功的喜悦在小兄弟脸上荡漾开了，当然，这时的他还不敢想象，在未来的商业巨头里，他居然会坐到前几把金交椅！但有一点可以肯定，他将永远不会忘记这位给了他"面包"，更给予他信心和尊严的睿智长者。春潮带雨呢……[88]

现身说法：我堂哥退休两年了，按照"人走茶凉"的一般规律，他这会儿只配在家带带孙女，打打太极拳，即"宅爷"。可我惊奇地发现，每次去看他，他似乎都忙得不行，当年的老部下，依旧往来频繁，堂哥脸上还是"在位"时那副神态，从容笃定。我不由得感慨："你运气真好，碰到的老部下都是感恩之人啊！"我晓得,当年堂哥向以"护犊"著称,对属下的事业啊、家庭啊、生活啊全方位地关心,退休后大家记挂他也是人之常情嘛。

可渐渐地我发现不太对劲儿,不少老部下来"请他帮忙"依然是主旋律,且多为一般人搞不定的"大事""难事",这就奇了,以堂哥一国营小厂子里的"工段长"级别,居然办的是董事长、总经理等头儿才能办的事,奇哉怪也!我不得不信服"鱼有鱼路,虾有虾路"的坊间名言了。

或许是好奇,抑或是也想学点"鱼虾之道",我愣是跟俺那"葛朗台"式的婆娘要了几百金,请堂哥在小厨娘饭店"搓"了顿红烧狮子头、虾仁煮干丝等淮扬大菜。一斤黄酒下肚,兄台也就不吝赐教,侃侃而谈:"没啥秘诀,朋友多呗!"

"我知道,朋友多了路好走。我朋友也不少,咋芝麻绿豆大的事儿也办不了,或者他们根本不想替我办呢?"我嘀咕道。

堂兄诡秘地一笑:现在流行的网络语言"高大上"其实毫无噱头,不能给人以任何启迪。我们那会儿就不同了,谈的是思维方式和运作手法的"高超跨",就是高起点、超常规、跨越式的交友办事,让人在清新扑面、猝不及防之下对你留下深刻的另类的正面印象,让人在你开口相求时无法回绝,甚至压根儿就不存在拒绝这个概念。你比方说啊,按大部分人的思路,请人帮忙,理应是你请客送礼,以表谢意,大家伙都这么玩儿,有啥新意?我不这样,当初出道替人办点小事,我都是"倒拔杨柳"、反弹琵琶,反过来请他,当然不是刻意的,而是自然而然的。他举了个例子:

二十世纪八十年代,一个朋友请他帮忙,想给家里租个煤气包,并执意要做东请客。堂哥淡然一笑:"不用,不用!刚巧我跟煤气公司于主任后天有个聚会,你一块儿参加吧!"晚宴上，堂哥还替每位食客备了一盒精美的冠生园点心，事情自然是办成了，把那个朋友激动得逢亲友就吹嘘："我请人帮忙，人家反过来请我喝酒，送我食品，怎么样，厉害吧？其实都是兄弟，不在乎这个的！"一副得瑟样儿。

末了，堂哥逼视着我，加重语气，一字一顿："试想，以后我一旦有事请他帮忙，他会怎么样？"

我张大嘴，呼呼喘着粗气，半晌才回过味儿来：妙啊！这里头至少有三重"又吃粽子又蘸糖"的噱头，托人帮忙省却了自家打点，还免费又吃又带，这一进一出，"便宜"赚狠了；既把自家困难解决了，还结交了宋江式"仗义疏财"的朋友，庆幸呢，社交前景似乎一片光明；打着酒嗝、品着甜食，瞬间在亲友中形象高大起来，须知，心灵的舒坦比物质的"煤气包"更加受用，简直是"两个文明"一起抓啊！

看我目瞪口呆，堂兄拍拍我的肩："老弟，

讲运气没人比得过你,讲老练你还嫩着呀!要想混得开,其实就两点,一个是要精准把握人心,世道与人心嘛!二是能预测事物发展方向……这第二点嘛,下回再请我吃顿老酒,老哥我到时面授机宜。"

我摸摸干瘪的钱包,惊得没有话说。

第十八式　文似看山

俺们南京老乡袁枚《随园诗话》里最著名的是"文似看山不喜平，画如交友须求淡"两句话，意即行文要像山峰般清奇峭拔，起伏跌宕。用在情商上，就是说话办事要角度新颖，引人入胜，以达出奇制胜的艺术效果。

同义词：翻手为云　跌宕腾挪

案例 1：还是那个"曾剃头"（曾国藩），一开始跟太平军对垒，逢战必败，特别是遇上"长毛"后生石达开，不仅一触即溃，辎重全失，且几无活路，为免被擒受辱，接连自杀了两回。人没死掉，给皇帝报告战况的折子还得写啊，如实说军兴以来我曾涤生是常败将军，不独面子难看，恐怕还要被皇"董事长"问责治罪，哎，难呢！

老曾有个好习惯，不管情况多糟糕，每晚坚持读书写字、记日记，读着读着，一枚火花突然迸出：文字上做个小手脚不就得啦？于是折子上出现了"臣屡败屡战，矢志不移，誓与洪杨逆贼血战到底"等豪迈之语。原本对湖南战事恼火不已的咸丰帝看了奏折，内心不禁一动：想不到一介书生曾国藩还是个血性男儿，哎，也真难为他了！于是朱笔一批："悉心办理，以资防剿。"不仅没责备，最高指示中还颇多鼓励。精神的力量是无穷的，老曾缓过劲儿来，继续操练，愈挫愈勇，遂把洪天王拱死在南京长江路东箭道的大宅门里。[89]

点评：屡战屡败是平实，屡败屡战是斗志，"战"和"败"二字位置一变，通篇见精神，曾老爷子不愧是翰林出身的文字高手。我又想起个段子，与曾大官人有的一拼：小伙子找了个女友，告诉爹娘这妮子是个大学生，白天上课，晚上还在夜总会兼职，他就看中她这股能吃苦的劲儿。爸妈破口大骂，坚决阻止他找这样的对象。过了一阵，小伙子又禀告二老：这妞晚班那么辛苦，但白天雷打不动、风雨无阻都坚持到高校进修，拿学位。这回老两口沉默了好一会儿，老爹嘀咕道："这丫头倒是蛮有上进心的，可就是这个……这个……"最终，这对少男少女终成眷属。哈哈！

案例2：唐太宗李世民晚年，随着老态毕现，心情愈发糟糕，所为何来？盖因接班人李治孱弱无能，他似乎看到未来的一切清晰地朝他走来：驾崩后，太子即位，权臣们视新皇如无物，飞扬跋扈，各自为政，甚至逼其禅让，从东汉末年到三国、南北朝乃至几十年前的隋文帝杨坚，几乎都完整地复制了欺主自立的闹剧……平淡无奇而又那么顺理成章。不行！得整出些波澜，搅黄这一"历史重演"的既定套路。

老皇帝毕竟不是泛泛之辈，一天上朝，在毫无征兆的情况下，突然严厉宣布功勋卓著、德高望重的奇才大将李勣若干条大罪，虢夺本兼各职，着即贬往西北蛮荒之地叠州。朝堂上一片哗然，大家都不相信素称忠义的李大将军会起谋反之心，可面对一言九鼎、有着"玄武门之变"生猛前科的太宗皇帝，谁又敢"吭吱"一声？后来，老皇帝殁了，新皇登基，是为唐高宗。他做的第一件事就是召回李勣，推翻强加于李大将军头上的一切污蔑不实之词，予以重用，位列三公，把李勣感动得老泪纵横，匍匐在地，叩头如捣蒜，嘴里念念有词："老臣这条老命，从今儿个起就是万岁爷您的，刀山火海，任您驱使！"有这样威权一流的大臣力挺，李治的皇帝宝座，犹如铁打的一般。不言而喻，这一格局的总设计师，世民兄是也！[90]

点评：李世民的皇位是从兄长那夺来的，是从老爸那逼来的，他很清楚宫廷斗法的"循环往复"，于是深谋远虑地来了这么一手：深知李勣具有知恩图报的浓厚情怀，自己做恶人于先，儿子施恩于后，心机固阴险，但比起朱元璋对功臣的血腥杀戮，却和缓、文明得多，况且，维护贞观之治后李唐江山的长治久安，对人民群众的休养生息无疑具有进步意义。这篇文章，老李还算做得漂亮！

案例3：有个房产公司的推销员，一边带一帮客户看楼盘，一边口吐莲花："咱们这个小区树木成林，绿水环绕，一到阴雨天空气中弥漫着负离子，简直可以说天然氧吧！别看脚下的泥土其貌不扬，它们可是从湖北恩施运来的哟，富含硒元素，绝对防癌抗癌……可以说，这里的业主，几乎不生病——不，他们已经很久没有疾病这个概念啦！但是，"他忽然正色道，"现在正有一辆救护车向我们小区疾速驶来，以便救治一位危重的病人……"

正当客户们一头雾水时，一辆救护车果然"呜哇呜哇"的开进小区一期住宅，很快从楼道里抬出个"危重病人"，又响着警铃疾速向医院开去。正当客户们面面相觑时，推销员大声道："我想告诉各位的是，这位可怜的病人是个社区医生，活活饿昏过去了！"没错！常年没病员，医生哪能有收入呢？众客户一下子轰然大笑起来，他们是否相信推销员的话？未必，不过他们显然很开心，纷纷签下购房意向书。[91]

点评：本来一种平铺直叙的楼盘推介，给这位推销员搞得悬念迭出、妙趣横生，宛如一出精彩的短剧，深深打动了看房客户。其实，现实生活中，凡是幽默风趣的人，大多人缘好，办事成功率高，因为他能给人带来欢快的情境，人只要一开心，啥事不好说呢？

他篇链接

职场篇： 文学兼翻译学大师林纾，一肚子真才实学，可能是表述得太过平实，学生们大都不爱听他讲课，课堂上看闲书者有之，叠纸鹤者有之，男女生暗递字条、诉说衷肠者有之，更有一些同学干脆呼呼大睡……这可如何是好？老林抓耳挠腮，心生一计。一天讲课，眼见得同学们昏昏欲睡，他话锋一转："我们乡下山涧有座独木桥，一天狂风大作，暴雨将至，一个和尚疾速奔向桥面，想赶往山上寺庙。一位窈窕淑女手挽竹篮，进香回家，迈着碎步急急走上桥头，不期与和尚撞了个满怀，这时……"林老师戛然而止，学生全都昂起脸庞，微张着嘴齐声问："后来呢？""后来？"林老爷子心里好笑，"后来，和尚进寺庙，女子回家了呗！"嘘——课堂上一片叹息，不过，那堂课学生们精神头还是挺足的。[92]

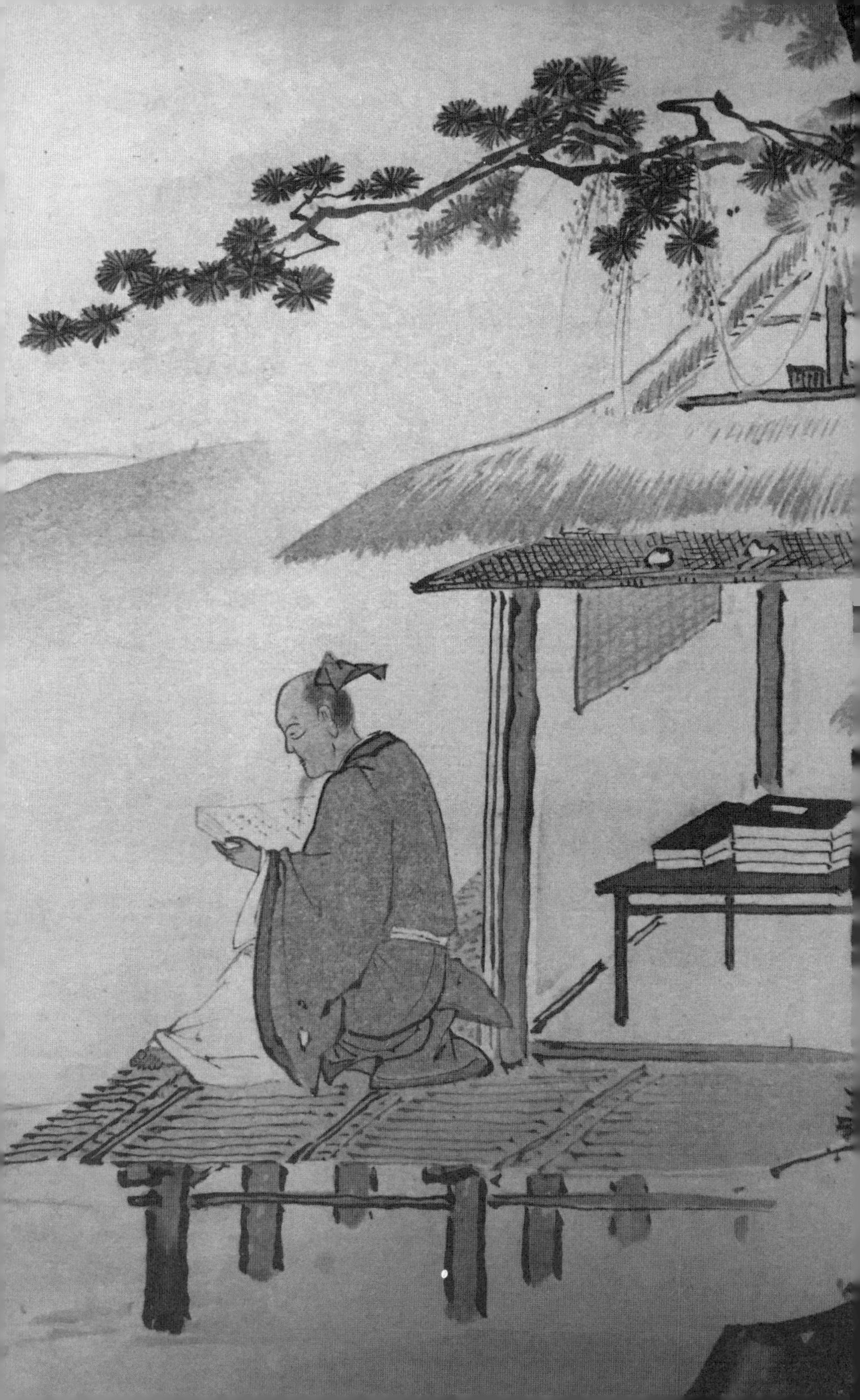

逆袭篇：二十世纪末看过一篇小文，大意是一位大学生分配到县府当秘书，每次写材料领导都不甚满意。这不，年终到了，给上级的工作报告又要写了，秘书是位作风踏实的人，为保证数据准确，他不仅跑统计局，还一个乡一个乡打电话，掌握了第一手资料，于是下笔有如抓铁有痕：全年工农业总产值完成年度计划的50%……当然了，不独是经济工作，还系统总结了精神文明建设、提高干部队伍素质等精彩内容。可是稿子送领导看过三次，改过六回，就是通不过，领导始终是一句话：要斟酌，好文章是改出来的！个别领导甚至放出风声，说小伙子恐怕不是当秘书的料！眼看饭碗不保，年轻人头皮发麻：我可是字字句句反复推敲、核实无误啊！没辙了，只好跑到已退休的前任秘书、县府"一枝笔"高老爷子家请教，还不忘提一瓶"二锅头"和一大包荷叶裹猪头肉。

"来来,坐下一块儿喝两口!"老高抓了块梅子肉,美滋滋地嚼起来,半晌才用油渍麻花的手点了点文稿:"问题就出在这50%上!"

后生委屈地说:"数据是对的呀,领导不是一直告诫我们要实事求是……"

老爷子狡黠地一笑:"实事求是不假,文字表述可变。拿笔来!"只见他那青筋爆出的手迅速在稿纸上涂画了几笔,然后一推,"行了,其余部分一字不改,准保通过!"

大学毕业生疑惑地看了看修改稿:面对全县遭遇百年不遇、前所未有的自然灾害和市场疲软、经济紧缩的严峻形势,在县委县政府的正确领导和全县人民全力拼搏下,全县工农业总产值依然实现全年目标任务的50%,充分体现出……云云。

"妙哇!"小秘书醍醐灌顶般嚎叫起来,"之前的50%是硬伤,经您老加上几句前缀,这50%就是成绩啦!高,实在是高!"他一不留神冒出了电影《地道战》里"汤司令"的台词，被当作"鬼子"的高老爷子反而益发得意，眼睛眯成一条缝："我本来就是替你的稿件增加点亮色嘛！"

果不其然，第二天领导们看了报告大喜，"一把手"还亲昵地拍了拍小伙子的肩头："有灵气，工作进步蛮快嘛！"[93]

现身说法：记得堂哥跟我说过，他在十中（金陵中学）读初中那会儿，学校组织到位于牌楼巷的南京绵织厂学工。原本学生只干些搬运原料的下手活，可堂哥好奇心重，一天下午溜进织布车间，看见一台台织机"轰隆轰隆"地来回摆动，很有节奏感。更好玩的是，那么多织机，只有一位女工来回走动照看，眼见得四周无人，堂哥尝试着把一台织机电源"咔嚓"一下关上，然后迅即又打开，可蹊跷的是它不再像之前一样有规则地摆动，反而丝丝线线胡乱重叠，搅成一团。堂哥大惊失色，趁没人注意，脚底抹油跑出车间。

这可是损坏公物的大事啊！当天收工，班主任余老师就把同学们留下，追问是谁搞的，让其主动坦白。大伙儿一阵沉默，但在那个提倡"勇于检举揭发"的年代，沉默只维系了三分钟，一位女同学就举手，说看见堂哥溜进车间的，随即又一个男生说瞅见堂哥慌慌张张跑出车间。不用说，堂哥被"提溜"进车间办公室，工段长、当班女工和余老师"三堂会审"，堂哥大呼冤枉："他们凭什么说看见我进车间的？说我进车间也罢了，又凭什么说我动织机的？！说我动织机也就算了，干嘛还说我慌慌张张朝外跑呢？没做亏心事，不怕鬼敲门！有这样欺负人的吗？"

工长等人看堂哥情绪激动，辩驳层层有序，脸色紫胀，一下子也没了决断，正想插话，岂料俺兄长话锋陡地一转："不过话又说回来了，也确实是我跑进车间动织机的，也确实是我偷偷溜了出来……"声调断崖式明显降了八度，头也耷拉下来。

这种类似相声"抖包袱"般的陈述，一下子把在座的三位"法官"全逗乐了，女工率先"扑哧"一笑，露出两个漂亮的酒窝："早跟我说，我就教你上机了！好了，没事的，我已重新织过了。"她的话一下子就给这事儿定了性，只有教历史的余老师轻描淡写地说几句"要记取教训"之类不咸不淡的话，一场危机就这么烟消云散。兄台自然是感激那位年轻女工，每每跟我唠叨："她叫陈怀珍，大眼睛，肤色细，一脸秀气，我还到她家去过，住沈举人巷，后来调出厂子当老师去了。你想，还有比她这种秀外慧中、善良宽容的人更适合当人民教师的吗？可惜那时没有手机和微信……"言语中颇为与陈老师失联而惆怅。我蓦然记起，许多年前，我曾无意在堂哥一本笔记本中发现一张丽人小照：齐整的短发、澄碧的眼波、甜美的笑靥……更惊奇的是小照背面还留有兄台的墨宝："我所陈列的，是我怀念的，也是珍贵的。"哈哈，少年情怀呢！

第十九式　山在虚无缥缈间

白居易的《长恨歌》妇孺皆知，耳熟能详，其中"忽闻海上有仙山，山在虚无缥缈间"，揭示了所谓仙山仙人都是毫无踪迹、不靠谱的事儿。在现实生活中，"虚无缥缈"用来形容那些似有若无、看得见又摸不着、如同海市蜃楼一般的事物，显然这是情商的一招，尤擅于小伎俩。

同义词：似是而非　扑朔迷离　白马非马　模棱两可　虚虚实实

案例1：清末江都仙女庙有个叫万福的人，坑蒙拐骗样样来，人称"皮五辣子"——这是扬州评书中著名无赖的雅号，可见这万福"痞"

得可以。不过盗亦有道，万兄恪守"兔子不吃窝边草"的职业道德，从不祸害街坊邻居，大家对他倒也不是很反感。也是活该有事，这天，万福兄从宜陵搭船回城，同船一个年轻书生口沫横飞地告诫随行客人，到了仙女庙千万提防万福，只要跟他搭上，你被他卖了还帮他数钱呢！后生说，他堂姨表姑就跟万瘩子住一条街上，晓得万福从小就不"汰害"（没出息），还列举了诸多劣迹。

这老万一旁听了，浑身不对付：我跟你素不相识，无冤无仇，你这般作贱我却是为何？寻思道：你那个瓜蔓亲的姑妈怕是查找不到了，老子今天就给你点教训，以儆效尤。别说，骗子的情商、智商都不低，只是没用在正道而已。只见万大哥挨着后生一旁坐下，还不时搭腔，后生更是越说越带劲儿，哪知万福已悄悄拿自己的图章把书生包袱里的物件盖了个遍。船靠码头后，老万二话不说，拎起包袱甩头就走，书生直叫:"拿错了!这是我的包袱!"

"胡说!"万福厉声呵斥,"你这厮好生无礼,这原本就是俺的包裹!"俩人拉扯起来,众人见难辨是非,便将他俩推搡到衙门去断案。审案的是官品未入流的典史孙大人,只见他惊堂木一拍:"你们二人各执一词,都说包裹是自己的,可有凭证?"

年轻人连忙报出其中几个物件名称,孙典史一听有理,恰待要拍板。只见万福上前作个揖,不慌不忙道:"清官在上,小人有下情禀告。"

"人家书生说得分明,你还狡辩做甚?"典史摆出朝廷命官的派头,"若再妄言,本衙十八般兵器(刑具)的滋味,让你尝尝!"

历经沙场的老万心里好笑,只管娓娓道来:"旅行途中,多次解开包裹拿漱洗用具,被人瞧见里面的物件再正常不过!小人常年在外跑单帮,为防行李遗失或跟他人东西混淆,都习惯在每个物件上盖上自己的私章,不信就请大人一一验看。"

典史老爷一听,连忙打开包裹细看,确实每件东西上都盖有"万福"的阴文小印章。一切都明白了!孙大老爷当下宣判:包裹归万福所有!原本要对后生加以治罪,基于他是童生身份,好歹也是读书人,为礼遇斯文,故法外开恩,训诫几句,逐出大堂了事。听说"孙青天"当日为自己成功断案还小酌了几杯,连"拖"了几个硕大的"狮子头";还听说,万福出了衙门转入李家巷,就把包裹还给后生了,只叮嘱一句:"以后注意祸从口出啊!"[94]

点评:古时官府断案,特重证据,所谓"捉贼捉赃,捉奸捉双"被奉为金科玉律。万福混迹江湖,自然对县衙老爷甚至讼师们的心理了如指掌,所以才出了这么一个奇招,让官老爷深陷云里雾里之中,达到了治一治口没遮拦的轻狂书生的目的,可能这也是他"常在河边走,屡屡不湿鞋"的护身法宝吧。有趣的是李家巷可是星云大师的老宅,老万一进李家巷就改恶从善,把包裹还给书生,莫非佛意?

案例2:一天,有位胡先生带三两个男女同事去自己经常就餐的饭店小酌,酒过三巡,菜过五味,眼见得大家酒足饭饱,胡先生意欲起身结账。也是活该有事,忙过接客高峰的老板特地跑过来跟老胡打招呼:"不好意思,一直忙到现在。怎么样,菜还合口味?"还未等回答,老板又顺口冒出一句:"嫂子今天没一块儿来?"

说者无心,听者有意,一旁被同事们称为"鬼灵精"的小芳脑筋一转,立马桌子一拍:"老娘就是嫂子!你说以前常来的女人到底是谁?"她柳眉倒竖,揪住胡同事的衣领,眼光盯着老板厉声追问:"你说,他到底带那个狐狸精来过几回?"

所有人都懵住,更难堪的是长了一脸络腮胡子的老板,他结结巴巴地说:"我……我……

肯定是弄错了，不，不是……对不起，真对不起！这餐饭算我请客，给嫂子你赔罪……哎，瞧我这记性。"

胡兄终于反应过来，装出一副为难的样子："这也不能全怪你，顾客那么多，我又长着一张再普通不过的大众脸，难免……无论怎么说也不能让你免单啊！"他拿出钱包，作欲递还止的犹豫状。老板见状，灵机一动，就驴下坡道："那就打对折，收一半餐费！不然我是不会安心的！"于是这事儿就这么给办了！

出了门，小芳嗔怪道："你真是的，吃白搭不要，枉费了我这番苦心表演！"胡兄台毕竟良知未泯，哈哈一笑："最毒妇人心，你也太狠啦"。[95]

点评：这固然像一个段子，却也在情理之中。男女就餐，女子非妻子即情人，两可之间，任人猜测和评说。显然老板是个本分人，想当然把以往与胡先生共进晚餐的女士当作是他老婆，而经小芳这么一咋呼，又使他觉得原来看似正人君子的胡先生过去竟是带情人餐叙——这毕竟也是司空见惯的呀！老婆乎？情人乎？情人甲？情人乙？现如今虚虚实实，纷纷扰扰，遂使小芳得手！

案例3：记得看过报上一篇小文，大意是说饭局上，食客们卖弄风雅，争相高谈阔论。甲食客用袖口擦了把油嘴，飞速地瞟了大伙儿一眼，看没人留意，转而矜持地说："斯宾诺莎的《伦理学》读过吧？"见大家都木然以待，他得意地自己给出结论，"值得一读！看过后你会觉得，现在网络上谈论的所谓'三观'是多么的肤浅！"

乙酒神见状不甘落后，忙摇摇头："斯宾……塞，啧啧！我还是比较喜欢形象思维的东西，像车尔尼雪夫斯基的著作《怎么办》，我读过不下十遍！老实说，得此书精髓的人，生活中处理感情问题那真是小菜一碟，就是炒股也鲜有败绩！"

丙老饕来神了，干脆把手一挥："这些老古董都没啥看头！你们可读读《麦田里的守望者》，嗯，当然还有《不能承受的生命之轻》，读过后你会产生一种凤凰涅槃的感觉。"

没等他说完，丁美食家早已按捺不住地叫起来："我说最棒的名著要数纳博科夫的《洛丽塔》，你看啊，就是这个乱伦之情，还能写出美感来！"

座中有位企业家，是靠摆地摊发达起来的，自然没读过这些个劳什子，咋整？他把玩着从芬兰带回的蜜蜡手串，脑筋一转，计上心头："最近欧美很是流行米娜的小说，不知各位读过没有？"他缓缓地扬起脸，清脆地吐出一句话，"《白地毯》写出了当代北欧奇异的风情！"说完，他还用手提了提昂贵的观奇西服衣领，显得优雅、得体而富内涵，众食客纷纷点头："读过，读过！写得真好！有韵味。"该董事长略微向大家点了点头，说还有事，"失陪了！"

当晚回家，他乐哈哈地告诉老婆，饭桌上自己胡乱诌出个"蜜蜡"作家、"摆地摊"作品，居然这些"文化人"都说读过，真正笑煞人也！[96]

点评：应该说，从众食客的谈吐中可以看出，他们是读过一些书的，或哲学或文学或古典或现代，问题是大都"半瓶子醋"还要大加炫耀，不免酸气熏天。企业家实战经验丰富，凭借豪奢的行头、冷峻的气势、虚无缥缈的"作家与作品"就彻底折服了一干"学院派"，扳回了自尊。设想一下，如果有个人这样回答企业家："我还是很爱读欧美文学的，怎么没听说过这本书？"结果又会怎样？但是不容假设，因为阅历深厚的大老板早已"吃定"了这帮"酸儒"。

他篇链接

逆袭篇之一：小坚一直醉心于玩具店里那只偌大而有气魄的火箭模型，苦于没钱，只能一次次可怜巴巴地站在橱窗外欣赏。也是活该有事！清明节的早晨，小坚正打算去玩具店看"火箭"过过瘾，却惊喜地发现路面上躺着几张百元大钞，他拾起细看，色泽、画面都跟真钱差不离儿，只是捏在手上似乎轻薄了点儿。他太想得到那枚"火箭"了，于是不假思索，兴冲冲跑进玩具店，对营业员说："阿姨，我要买火箭！"

那个中年妇女愣了下，看看小孩子手中确实攥着大钱，只得把"火箭"捧了出来。小坚喜滋滋地把钱往柜台上一扔，抱起"火箭"就跑，刚跑到门口，中年妇女连吼带叫追了上来，一把抓住小坚的肩头："好小子，敢用假钱来蒙我，非把你送到派出所……"小坚吓得哭了出来，眼见得不得逃脱，他情急生智，抹了把鼻涕，振振有词地反问："我是假钱，你的火箭难道是真的吗？"营业员一愣，下意识地松了松手，说时迟、那时快，小坚抓住机会"哧溜"一下窜出门外。[97]

逆袭篇之二：逻辑学里有则很逗趣的案例，说有个类似上海滩"拆白党"的混混，饿得不行，决意到饭馆吃一顿"霸王餐"，但又害怕不付账会被暴打，于是想出了一个"摆事实，讲道理"的辙子。他换上一袭半新不旧、看起来还算清爽的宝蓝色竹布长杉，阔步迈入店堂，大大咧咧点了一份红烧猪肘子，当堂倌刚唱道："好——来——红炖东坡猪蹄一份！"这位仁兄又赶忙喝住，说："算了，不要肘子了，换一条红烧黄河大鲤鱼！"

酒保愣了一下，看见"拆白党"一副昂然的派头，也只好改口道："不要肘子，换红烧大鲤鱼一尾！"不一会儿，色香味俱全的红烧鱼端上桌来,这小子自然是风卷残云,吃了个精光,于是乎油嘴一抹,就要离开,店小二拦住他:"你还没付钱呢!"

"付什么钱?"混混反问道。

"红烧鲤鱼的菜钱啊!"小二困惑地嘟囔。

"奇哉怪也!""拆白"兄优雅地拿出纸扇,摇了摇,"这鱼是我用红烧猪肘子换的!凭啥要付钱?"

"这,这,"伙计被"将"住了,好一会儿才反应过来,"那你就付红烧肘子的钱吧!"他觉得肘子单价比鱼高,店里不会蚀本。可这位跑堂的想得太简单了!吃白食的主儿可是有备而来,成竹在胸啊!

食客再次诘问:"老爷我根本没吃红烧肘子,又要付哪门子的钱?嗯?"

"你、你……",店伙计就这水平,两下子就败下阵来,于是账房上、老板上、老板娘拖儿带女一起上,参与大辩论、大吵架、大会战,闹得一乌尽糟（南京方言，这里指一团糟），后来怎么着？不得而知，但这个吃白搭的哥们儿没挨打，这是笃定的！

职场篇：儿时酷爱听阿凡提的故事，觉得他太聪明了，几乎眼睛一转就是一个新的机变，能把他的功夫学到手，吃上美味的红烧肉岂不如探囊取物？其中有则故事，说明他确实是玩"虚的"高手：他的职业似乎是开染坊的，因手艺超群、服务周到而生意火爆，这可让一向与他"不对付"的街坊马大叔急红了眼——恨人富笑人贫嘛！马大叔摸着山羊胡子，眼珠子转了转，一个刁难的法子出来了。他拿了块白布找到阿凡提："兄弟，麻烦你替我把这块料子染了！"

阿凡提一看是他，就知道找茬儿的来了，嘴上却客气地答道："小菜一碟！老哥要染个啥颜色？"老马奸滑地笑笑，故意大声说："颜色嘛？不是红色，不是黄色，也不是蓝色，更不是灰色，就连黑色也不是！反正就是那个颜色。"说完一双眼睛紧盯着阿凡提，暗暗得意：小子，这下够你喝一壶的啦！岂料阿凡兄只是漠然答了一句"好！"便又低头忙活了。老马问："那我哪天来取？"

凡兄弟抹了把油汗，清晰地、一字一句地说："不是星期一、星期二，也不是星期三、星期四，更不是星期五、星期六，就连礼拜天也不是啊！"老马一听愣住了，嘴里喃喃而不知所措，一旁观看的邻居都哈哈大笑起来，一个尖酸的后生调侃道："马大叔，恐怕你这白布是拿不回去喽！"[98]

现身说法：我堂哥说过一件小事儿：那是本世纪初，有位叫王真的同事，想把即将远赴重洋的朋友的手机吉祥号过户到自己名下，于是拉上堂哥，坐着徐师傅开的"桑塔纳"赶到城西移动服务大厅。可能是一方当事人没来，抑或是双方证件不齐备吧，营业员不予办理，这可急坏了小王，慢说大老远跑一趟不容易，就是单位也有一大摊子的活儿等着干呢！他央求堂哥帮他支支招——他把堂哥拽来，初衷恐怕也是如此吧。堂哥小眼珠在大厅内四下扫了一遍，看见一个白领模样的中年人在漫步巡视，不时有业务员称他"胡经理"，向他请示什么。堂哥有了主意，对着营业员扔下一句："我找你们领导说去！"然后大步流星地走到胡经理面前，嘀咕了几句，又折回柜台，对业务员说："我跟你们胡经理打过招呼了，像我们这种情况可以照顾办一下。"

营业员瞪大眼睛看着堂兄："你是说跟我们胡总说过了？"

堂哥从容地指指胡经理，说："要不，我把他叫过来？"

营业员摇了摇头，心想，好大的派头，还把我们"胡总"叫过来？嘀咕着便把过户手续给办了！回来的路上，"徐司长"惊讶地问道：

"你真认识经理?"兄台拍了拍他的肩膀,模棱两可道:"说认识就认识,说不认识就不认识。"把个老徐弄得云里雾里……

记得事后我曾问,你真跟"胡总"说过了?堂兄狡黠地一笑:"哪能呢!不过是问他在哪个柜台办过户,这样说来,也并非完全是虚无缥缈啊!"

第二十式　白发三千丈

李白《秋浦歌》中有"白发三千丈，缘愁似个长"两句，显然这是一种艺术表现手法上的极度夸张。在情商中，夸张颇具奇效，纵使人们明明知道这是一种渲染，又因其富含激情、执着、幽默等附加值，而令对方怦然心动。

同义词：故作惊人之笔，过甚其词　"标题党"

案例1：李渔是明末清初著名作家和出版商，他的散文集《闲情偶寄》至今畅销不衰。除此之外，当年他更是出版了诸多热门剧本、文集。书出得多，银子便源源不断，于是他携家带口来到南京秦淮河畔盖了座精致别墅，美其名曰"芥子园"——那款令后辈无数名家"竞折腰"的《芥子园画谱》,就是出自李渔的"出版社"。其他书商看着眼睛发红,由红转绿,由绿折射出一种贪婪的光芒,于是乎,李渔只要一出新书,各种盗版立马应运而生,充斥市场,这可如何是好?报官吧,那会儿朝野上下压根儿就不懂啥叫"知识产权",自然难收成效。眼见得钱兜日益干瘪,李社长愁得茶饭不思。

一日,李渔坐在"周处读书台"晒着太阳,无聊地翻着《全唐诗》,读着李白、李商隐等人洋溢着浪漫主义的诗作,一束火花突然打心灵深处爆裂开来,"哇塞!"他从凳子上弹跳起来,已然想出个打击"盗版"的妙招!

那个夏天,李老板的新作问世了,看着一函函排放整齐、散发着墨香的新书,他并不急于运到近在咫尺的状元境去卖,而是在一个午后一副惊慌失措、气急败坏的样子跑到府西街衙门，把登闻鼓敲得山响，把知府惊得从榻上滚了下来，连呼升堂。李渔急急闯进大堂，抓起衣襟抹了把汗珠，对着大老爷高呼"冤枉"。这李先生是金陵名人，知府岂能不认得？忙说："老先生请起，有何冤屈，本官替你做主！"然后整了整官袍，摆出一副青天大老爷的架势。

李社长内心好笑，他的文友三品以上大员多了去了，但嘴上少不得可怜巴巴地哭诉自己刚印刷好的一驴车新书，在官道方山陶家庄附近被一群歹人抢走了，这可是他一年多来秉灯而作的心血呀！说着，还挥起衣袖拭了拭眼角。大老爷一听，勃然大怒，惊堂木一拍："这还了得！两江重地，天下文枢，竟然发生这等恶性案件，他们要置斯文于何地？"于是，一面派出捕快疾速赶赴现场勘察，一面满大街张贴告示，着市民一经发现有店家或私人出售该书者立即向衙门告发。当然啰，原创者李渔先生

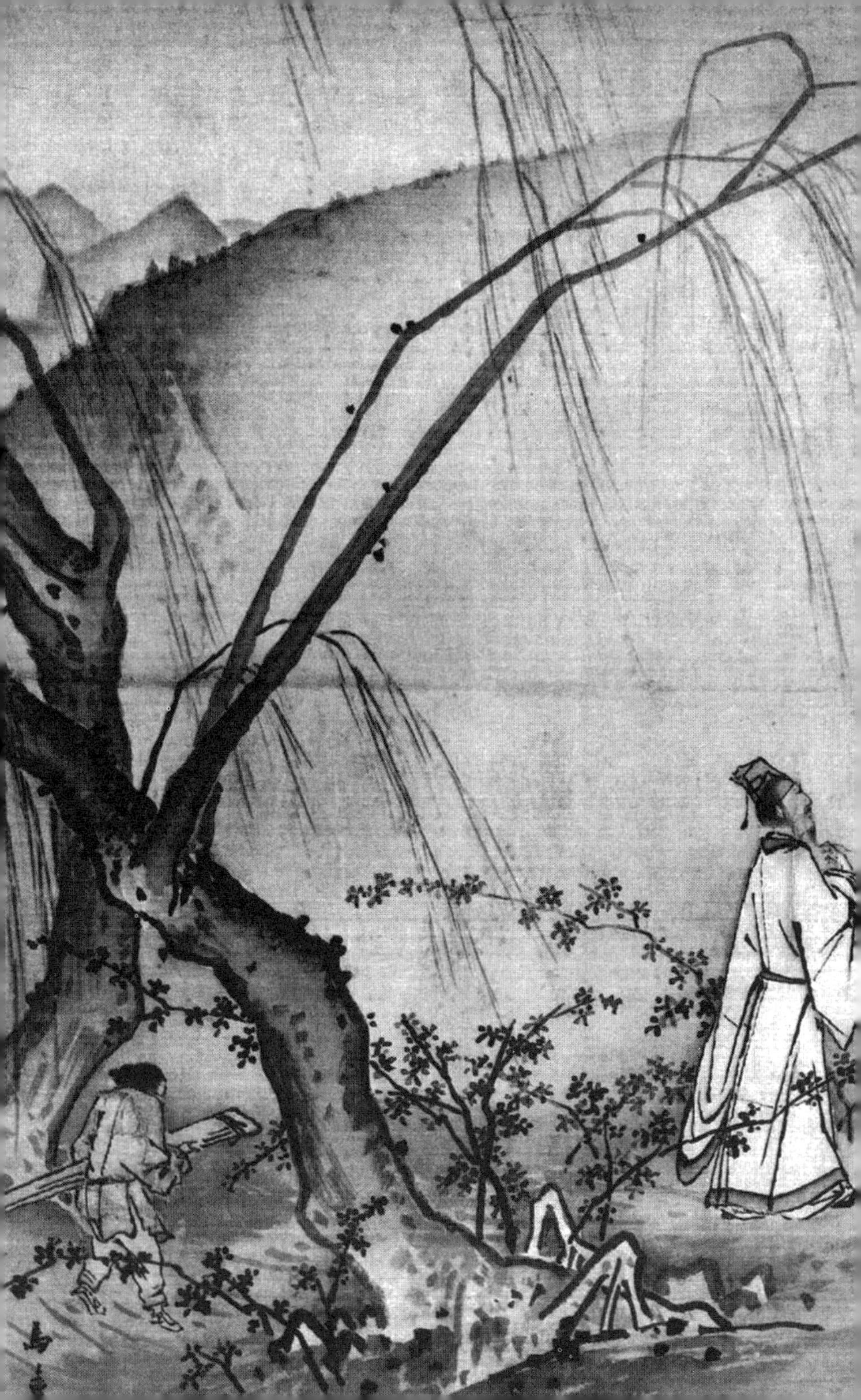

销售此书，自然不在查禁之列。这样一来，直到李渔把最后一本书卖掉，也没发现有一本盗版书在书市上露过脸，老李的荷包重新鼓了起来，芥子园又整日高朋满座，戏班子忙得不亦乐乎。[99]

点评：明清时没有知识产权一说，盗版书籍自然在市场上活跃，但盗抢却是法律明文规定的犯罪行为，李渔先生深谙此道，故而夸大其词，把盗印他的书的侵权行为，绑上盗抢重罪的战车，官家自然出手硬朗，遂成就了"芥子园出版社"一番维权大业。不过我也时常心犯嘀咕：放在今天，李社长报假案，至少也落得个行政拘留几天吧？

案例2：有对家境殷实的中年夫妇膝下只有一女，年方十八，苗条清秀，夫妻俩自然把她当作掌上明珠。可孩子到了这年龄，叛逆期特征明显，这不，为了丁点儿小事，姑娘便赌气离家出走。这可急坏了老夫妻，亲友寻遍，均没着落。这时,邻居乌"秀才"献上一计,说若不成功,把家里唯一值钱的樟木箱奉送;女儿回来了,夫妻俩则须回报熟牛肉两斤、未啼鸣的小公鸡一对和"烧刀子"烈酒两瓶——思女心切的老夫妻有啥不同意的呢?"秀才"挥笔写了数十张寻人启事,姓名、身高、脸型、衣着打扮自是实话实说,而"笔误"却在于把体重不到百斤写成一百三十斤!启事贴出去不到两个时辰,女儿便匆匆赶回家一脚踹开大门,怒气冲天嗔怪她妈道:"你们瞎嚷嚷个啥啊?我有那么胖吗?还一百三十斤呢……"当晚,穷得丁当响的酸"秀才",美滋滋地把樟木箱当餐桌,大块吃肉、大碗喝酒呢![100]

点评:但凡人嘛都有点虚荣心,而女人的虚荣心突出体现在对"漂亮与年轻"的维护上,你如果无意间说哪个女人老啊、丑啊,那么,对不起,一如帝王失了江山,心里长满了恨芽芽,记恨你一辈子!小姑娘也不例外,楚王好细腰，世人爱苗条，你说她一百三十斤，难怪她要火冒三丈地回家找老娘算账呢！

案例3：有一位单身中年女士，想把自己仅有的一套二手房卖掉，然后去跟已成家的女儿一块过活。也许是房子过于老旧，抑或是小区环境太差，反正价格一降再降，就是没人问津，这可把她急坏了，遇上熟人总爱唠叨此事。以华夏之大，啥都可以稀缺，可就是不缺聪明人！这不，一个38岁就失业的二混子，混了这位女士一顿酒食，立即面授机宜。于是乎，中年女士把房价提高二成，打了则广告，坦陈该房子非吉宅也，盖因前后两任老公一住进去就花心，居然都找了年轻小姑娘在此偷过情，故而决意把这"伤心房子"贱价甩卖，云云。蹊跷的是，广告一经打出，立马受到众多中老年男士的追捧，很快高价售出，把房主开心得不得了！至于出此"馊主意"的那个二混子，我想，肯定还要去敲诈一记，混个"酒肉穿肠过"。[101]

点评：这一案例的"诗眼"妙就妙在这套破房子竟然蕴藏着极其旺盛的桃花运，是妙龄女郎乐于屈驾光顾的神奇仙境，这可足令某些男人神往啊！广告的夸张性和蛊惑性不言而喻。

他篇链接

职场篇：国外有家生产运动鞋的厂家，产品质量不错，可毕竟是新企业、新产品，品牌鲜有人知，因此销路不畅。穷则思变，一天，老板看奥运会比赛实况，跳高冠军被播音员解说成"飞人"，潜水健将又被誉为"飞鱼"，老板心里一动，立马有了主张。未几，一则则广告画堂而皇之地贴满了大街小巷："穿上我的鞋，上天入海，日行千里！"不用说，这种不实广告很快被顾客告上法庭，法官判决该厂家赔付这个消费者十倍鞋价的钱——就像我们国内商场推行的"假一罚十"。说来也怪，案例一经媒体报道,这个企业反而名声大噪,运动鞋卖个精光![102]

逆袭篇: 胡大妈对儿子找了个大六岁的女友极为不满,任凭亲朋好友轮番劝说,这个榆木疙瘩脑袋瓜的犟小子就是不听,还说找到了"真正的爱情"。眼见得就要木已成舟,也是活该有事!那天,大妈在菜市场碰上了儿子的中学同学周大全,自然唠叨了儿子的罗曼史。大全抖落着手中的猪大肠,寻思道:姐弟恋又有何不可?但还是答应了胡大娘,再劝劝老同学。说来也巧,翌日,在街口就撞上了与女友相偕而行的同窗,大全跟他点点头,又恭恭敬敬地对他身旁的女友喊了声:"阿姨好!"莫说这女的顿时满脸绯红,就连同学也张大个嘴巴:"你、你……叫谁呢?"

大全不慌不忙,彬彬有礼道:"这不是你小姨娘吗?真没想到,多年不见,也不显老……"一路感慨地走开了。当晚,胡家小子失眠了,想到了碰到大全时的一幕，想到了班上五十六位同学的眼神，想到了全年级"天罡"三十六名球友和"地煞"七十二位合唱队员可能出现的观感……没过多久，胡家奶奶兴冲冲地拎着一大串猪下水，一溜儿小跑来到儿子同学家："不谈了，不谈了，大全！"[103]

现身说法：如今网络媒体高度发达，为了吸引大家的眼球，可谓花招百出，我就不止一次上当：一天早上刚睡醒，手机"叮"地响了一下，某网站的标题赫然在目：这城市近千人感染新冠！妈呀，不是连续清零一个多月了吗？怎么突然冒出这么多病例？我慌忙打开链接一看，不禁长嘘一口气，原来讲的是国外某城市！错吗？当然没错，不过，网媒如果注明一下某国某地，就更精准了，可是如果那样，我也懒得去点击了。还有一个午后，手机"叮"的一声，一则标题跳上屏幕：提前退休明年实施——接近花甲之年的我，迫不及待地打开新闻，原来正文标题后面还有一个问号。一种被愚弄的感觉摄住了我。至于"这下某国彻底栽了！外交部霸气回应"，云云，其实细看内容，都是有理有节的平实表述，何来"霸"字？唉，白发三千丈，缘愁似个长哟。

注 释

[1] 原创《环球人物》，译之

[2] 原创《中年人》，卞泽

[3] 参看百度条目

[4] 参看《文史资料选辑》第二十二辑，沈醉

[5] 参看《扬子晚报·文摘》《慈善的是心》

[6] 参看《三国演义》

[7] 参看《扬子晚报·文摘》《坚持的力量》

[8] 参看《扬子晚报·文摘》

[9] 原创《文史》

[10] 原创《成功之路》，郝金红

[11] 原创《北京日报》，母冰

[12] 原创《视野》，欧鸟

[13] 原创《文苑》，程刚

[14] 原创《闽南日报》，张亚清

[15] 参看《大众文摘》

[16] 参看《演讲与口才》，唐宝民

[17] 参看《大众文摘》据《重庆商报》

[18] 原创《沈阳晚报》，戎华

[19] 参看《新民晚报》，赵文恒编译

[20] 参看《傻孩子》，琦晴

[21] 参看《今晚报》，王兆贵

[22] 参看电视剧《射雕英雄传》

[23] 凭阅读记忆

[24] 原创《青岛日报》，马承钧

[25] 原创《文苑》，毛宽桥

[26] 原创《生命时报》，张君燕

[27] 参看《大众文摘》

[28] 参看《上海家庭报》，王溢嘉

注释 245

[29] 参看百度条目

[30] 参看《红楼梦》

[31] 参看《文史天地》,陶易

[32] 参看《今晚报》,何申

[33] 原创《城市快报》,段奇清

[34] 参看清代笔记小说《小豆棚》

[35] 参看《红楼梦》39回、42回

[36] 参看《金瓶梅》56回

[37] 凭阅读记忆

[38] 参看《女报》,红衣

[39] 参看百度条目

[40] 参看《扬子晚报·文摘》,岸边捧沙

[41] 参看《扬子晚报·文摘》,据《西安晚报》

[42] 参看《大众文摘》

[43] 凭阅读记忆

[44] 参看《大众文摘》,据《解放日报》

[45] 参看《意林》,唐宝民

[46] 参看百度条目

[47] 参看《才智》,段奇清

[48] 凭阅读记忆

[49] 原创《扬子晚报·文摘》《成功青睐好心态》

[50] 参看《扬子晚报·文摘》

[51] 参看电影《假婿乘龙》

[52] 参看《古今谭概》,冯梦龙

[53] 参看《吉林青年报》,陈荣生译

[54] 凭阅读记忆

[55] 原创《辽宁青年》,朱晖

[56] 参看《大众文摘》

[57] 据《智富时代》

[58] 据史书

[59] 参看《中国新闻周刊》,冯磊

[60] 据史书

[61] 凭阅读记忆

[62] 参看电影《列宁在1918》

[63] 参看《大众文摘》据人民网

[64] 参看《文艺生活》，佚名

[65] 原创《潮州日报》，寇士奇

[66] 参看《金瓶梅》

[67] 原创《扬子晚报》，刘世河

[68] 参看《大众文摘》据新浪博客

[69] 凭阅读记忆

[70] 参看《大众文摘》，据《池州日报》

[71] 参看《文史博览》，蒲一碗

[72] 原创《知识窗》，佚名

[73] 凭阅读记忆

[74] 参看唐浩明《曾国藩》

[75] 参看百度条目

[76] 身边事

[77] 凭阅读记忆

[78] 原创《杂文月刊》，翟华

[79] 参看百度条目

[80] 参看百度条目

[81] 参看《三国演义》

[82] 身边事

[83] 参看《金瓶梅》

[84] 参看《大众文摘》

[85] 参看《文史天地》

[86] 凭阅读记忆

[87] 参看《羊城晚报》，马德

[88] 凭阅读记忆

[89] 参看唐浩明《曾国藩》

[90] 参看百度条目

[91] 凭阅读记忆

[92] 参看《大众文摘》据《南岛晚报》

[93] 凭阅读记忆

[94] 凭阅读记忆

[95] 原创《大众文摘》

[96] 参看《滨海时报》，阿紫

[97] 原创《大众文摘》

[98] 凭阅读记忆

［99］参看百度条目

［100］参看《大众文摘》

［101］参看《大众文摘》，据华声在线

［102］参看《大众文摘》，据《每日商报》

［103］参看《大众文摘》

后 记

本书用诗词句子引领，看似突兀，但文字表述和案例剖析尽可能明白晓畅，以期有助于读者的理解。长年爱好文学，形象思维植根于心，所以抽象的概念性的东西写不来，大家姑且把它们当作一篇篇不成熟的散文和民间传说来消遣，亦未为不可。这就带来第三个问题，爱好文学创作的人，对人与事、故事与情节，习惯存留于脑海中，不像做学术研究的人那样注重收集资料和索引，所以每个案例或故事都是曾经阅读过，凭记忆自说自话，但也花了相当的工夫在书后标注或"原创"或"参看"或"阅读记忆"的字样，即便这样，还是挂一漏万，许多报刊名称和原创者都不记得了。好在，对所有引用的案例，都由自己扩写、描写、叙述和申发，文字已焕然一新。在此，谨向众多案例的原创者深表歉意，并由衷地认可你们的著作权，以维护版权的神圣。

2021年8月1日